U0186173

郑艳 著

四季风尚·冬

泰山出版社·济南·

图书在版编目（CIP）数据

四季风尚.冬/郑艳著.—济南：泰山出版社，2020.1
ISBN 978-7-5519-0603-6

Ⅰ.①四…　Ⅱ.①郑…　Ⅲ.①二十四节气—风俗习惯—中国—通俗读物　Ⅳ.①P462-49　②K892.18-49

中国版本图书馆CIP数据核字（2020）第014410号

著　　者　郑　艳
策　　划　胡　威
责任编辑　赵　雨
装帧设计　路渊源
插　　图　虫　二

SIJI FENGSHANG·DONG

四季风尚·冬

出　　版　泰山出版社
　　　　　社　　址　济南市泺源大街2号　　邮编　250014
　　　　　电　　话　总编室（0531）82022566
　　　　　　　　　　市场营销部（0531）82025510　82023966
　　　　　网　　址　www.tscbs.com
　　　　　电子信箱　tscbs@sohu.com
发　　行　新华书店
印　　刷　济南继东彩艺印刷有限公司
规　　格　889 mm×1194 mm　32开
印　　张　5
字　　数　80千字
版　　次　2020年1月第1版
印　　次　2020年1月第1次印刷
标准书号　ISBN 978-7-5519-0603-6
定　　价　39.00元

序

二十四节气与中国文化精神

清华大学历史系教授　博士生导师

中国二十四节气研究中心学术委员会主任　刘晓峰

　　摆在读者面前的这套《四季风尚》，是一篇围绕二十四节气精心撰写的锦绣文章。要给这样一本书写序，我自忖没有更具风采的笔墨，无法给这本著作添光加彩。但是，围绕二十四节气，却觉得自己有一点话要说。

　　2015—2016年，为准备二十四节气申报联合国教科文组织人类非物质文化遗产代表作名录，我先后几次参与了文化部最终申请文本的修订。这个工作加深了我对于二十四节气的理解，特别是围绕古代中国对于太阳的认识。如果说二十四节气是中国古人贡献于人类时间文化最为绚丽的一顶王冠，那么中国古人对于太阳的认识，就是这顶王冠中央镶嵌的那块璀璨宝石。2016年11月，二十四节气被列入《联合国教科文组织人类非物质文化遗产代表作名录》，正式的文本叙述是"二十四节气：中国人通过观察太阳周年运动而形成的时间知识体系及其实践"。画龙点睛，太阳就是理解二十四节气最重要的关键词。

在漫长的人类历史中，升起又落下的太阳是人们生活起居重要的时间标志物。围绕太阳，古代中国人有很多绮美瑰丽的想象，创造出许许多多太阳神话。人们想象太阳每天从东方一棵叫扶桑的大树上升起，乘坐着六条螭龙牵引的神车行于天空，并在傍晚从西方玄圃落下。传说太阳是大神帝俊高辛氏和羲和氏共同生的孩子。当太阳沉落于西方，日母羲和氏会在咸池为落下的太阳沐浴。和人们想象月亮里生活着蟾蜍与玉兔一样，他们想象太阳里生活着三足鸟和九尾神狐。他们想象太阳有十个兄弟。日照太足缺少雨水，他们想象是因为太阳没有依照秩序一个升起一个落下，而是十个太阳同时升起。当种下的庄稼都烤焦了，草木也都没法生长了，伟大的英雄后羿就站了出来射落了九个太阳,世界才恢复了正常的秩序。除了这些凭借想象创造的故事,中国古人在漫长的历史时期,一直还在不断地观察太阳,总结出有关太阳的知识规律。

二十四节气之所以伟大,首先在于它是建立在对太阳进行科学观测的基础之上的,它是中国古代科学精神的代表。

二十四节气不是凭空悬想产生的,而是经过长期对于大自然的一年又一年的变化进行观测,在积累了丰富资料的基础上最后产生的。而对大自然的一年变化进行观测的核心点,正是太阳的变化。从有人类那一天起,太阳就一直陪伴我们生命历程中的每一天,慢慢地中国古人发现了太阳的秘密。

所谓"日月之行,四时皆有常法",问题是用什么方法来掌握它?太阳温暖而明亮,然而用肉眼很难进行观测。聪明的中国人发现太阳光与影子的关系,发明了利用影子开展观测活动的方法。有一个成语叫"立竿见影",中国古代人对于太阳长期观察的历史传统最根本的一个方法,是对一周年太阳影子周期性变化的认识。李约瑟在《中国科学技术史》中指出:"在所有天文仪器中,最古老的是一种构造简单、直立在地上的杆子……这杆子白天可以用来测太阳的影长，以定冬夏二至（自殷代迄今一直称为'至'），夜晚可用来测恒星的上中天，以观测恒星年的周期。"[1]中国古人发明以圭表测日的方法很早。在距今4000年前的陶寺遗址中，考古学者发现了带有刻度的圭尺，这一实物的发现，证明我们先民很早就掌握了圭表测日的方法。测量太阳的杆子，古代称为表，今天天安门前的华表，我认为很可能就是圭表之遗。正南正北方向平放的测定表影长度的版叫作圭。太阳照表之时，圭上会有表影，根据表影的方向和长度，就能读出时间。学会观测日影，并掌握一年冬至与夏至的变化，对于中国古代文化发展意义巨大。依照清华大学张杰教授的研究，天圆地方的观念的形成也与以圭表测日有关。张杰认为，依据《周礼》《周髀算经》《淮南子》等文献的记载，古人观察夏至、冬至的晷影与观测时画在地上的圆周的四个交点形成一个矩形，这一现象应该直接影响了古人天圆地方概念的形成。[2]如果这一推论成立，对于太阳的

① 李约瑟《中国古代科技史》第四卷，科学出版社，2018，第259页。

② 张杰：《中国古代空间文化溯源》，清华大学出版社，2015，第9页。

观察之于中国古代文明的影响，用"至大至巨"来形容也绝不为过。

通过持续地观测一年复一年日影的变化，古人发现了日影最长的夏至日和日影最短的冬至日这两个极点，并准确掌握了一年日影变化的周期性。陶寺遗址的发现意味着孔子所讲的"用夏之时"并不是假托古人，更可能的是历史上夏代人确实非常早就已经掌握了冬至、夏至太阳的变化规律。秦汉时期彻底建构成型的二十四节气，依托的是对太阳长期科学的观测。它是中国古代科学精神的结晶。

其次，二十四节气的伟大之处，在于它体现了中国古人对太阳周年运动而形成的时间转换规律的正确认识和理解。

循环是生活于地球上人类时间生活最重要的特征。昼往夜来，时间的脚步循环往复永不停歇。月升月落，春夏秋冬，先民们对时间的认识，有一个不断发展的过程。最早产生的时间刻度单位应当是"日"。因为"日出而作，日入而息"，太阳是全世界人共同的认识时间的首要标志物。其次是"月"，月亮的周期性圆缺也是非常明显的。但是人类真正认识一年中太阳的变化，却不是一个简单的事情。这不仅经历了长期的观测，而且需要思维的抽象和超越。

依据文献的记载，中国古代很早就设有专门负责观测太阳和大自然时间变化的专职人员，这就是羲和氏。《世本·作篇》说："羲和作占日。"宋衷注："占其型度所至也。"张澍禾按："占日者，占日之晷景长短也。"①懂得观测太阳影子长短的变化，是中国古代时间文化发展中一个巨大的进步。检点中国古代文献，羲和氏一族始终与观测太阳关系密切。《尚书·尧典》："乃命羲和，钦若昊天，历象日月星辰，敬授人时。"孔传曰："重、黎之后羲氏、和氏，世掌天地四时之官，故尧命之，使敬顺昊天。"②《艺文类聚》五卷引《尸子》曰："造历数者，羲和子也。"③《前汉纪·前汉孝宣皇帝纪卷第十八》载："古有羲和之官以承四时之节，以敬授民事。"④汇合这些零散存于典籍中的史料可知，羲和一族为重黎后人，是古代掌管时间、负责观测太阳和掌握四季变化的官

① 秦嘉谟等辑：《世本八种》，中华书局，2008，宋衷注曰出自陈其荣增订本第3页，张澍禾释集补注本第9页。

② 孔安国传、孔颖达疏：《尚书正义》，上海古籍出版社，2007，第38页。

③《艺文类聚》，上海古籍出版社，1982，第97页。

④ 荀悦、袁宏撰，张烈点校：《两汉纪》上，中华书局，2017，第318页。

员。在文献记载中，羲和有时被想象为太阳的母亲，每天为太阳洗浴；有时被想象为拉载太阳神车的驭手，掌控着太阳行进的里程。羲和一族因能够计算天象成为专业观测人士，因此也会因天象变化而获罪。《尚书·胤征》即记胤侯因"羲和湎淫，废时乱日"而被"帅众征伐之"的故事。羲和氏之所以有这么多和太阳相关的记载，我推想就源于他们是上古职业负责太阳观测与把握四季变化的一族。

阳春布德泽，万物生光辉。太阳是我们所有生命热量的源泉。经过对太阳的长期观测，古人认识到寒暑变化与日影变化不仅是一致的，而且这变化是有规律可循的。利用立竿见影的原理，中国古人慢慢认识到太阳的周年变化。他们逐渐掌握了冬至、夏至和春分、秋分（两分两至）这四个一年之中最重要的时间节点。正因如此，在甲骨文中和时间相关的字，大都带有"日"字。当然那时还没有今天固定下来二十四节气的观念和叫法。在《尚书·尧典》中把春分叫日中，秋分叫宵中，夏至叫日永，冬至叫日短；在《吕氏春秋》中把夏至叫日长至，把冬至叫日短至，慢慢地中国古人在春夏秋冬季节的变化和日影一周年的周期变化之间建立起联系。就这样依靠对太阳的科学观测一点点积累，最后形成完美的二十四节气这一体系化的时间知识。

中国古人对于太阳进行的科学观测，绝不是普通的事情。理查德·科恩在《追逐太阳》中介绍说，历史上无数的历法中只有四种是纯阳历历法：（最终形式的）埃及历法、阿契美尼德历法暨后来的阿维斯陀历法（公元前559—公元前331年间应用于波斯）、由玛雅人创造而为阿兹特克人所采用的历法，以及儒略历（格里高利历）[①]。而二十四节气建立在对太阳进行科学观测的基础上，还吸纳了月象知识，最终形成了中国人特有的这一套符合大自然一年周期变化规律的时间文化体系。二十四节气，堪称人类时间文化的瑰宝。

再次，二十四节气的伟大之处，还在于它极大的实用性。它参与结构了中国人的时间生活。

《易》云："变通莫大乎四时。寒往则暑来，暑往则寒来。寒暑相推，而岁成焉。"古代中国人认识到大自然的变化是有秩序有规律的，按照大自然变化规律行动则万物成就，悖逆大自然变化规律就会发生灾难。正因如此，人的行为必须"应天

---

① 理查德·科恩：《追逐太阳》，湖南科技出版社，2016，第267页。

顺时"，必须顺应自然规律的变化，整个人类社会也应该遵守必要的秩序。《春秋正义序》云："王者统三才而宅九有，顺四时而理万物。四时序则玉烛调于上，三才协则宝命昌于下。"《礼记》也指出："天地之道，寒暑不时则疾，风雨不节则饥。教者，民之寒暑也；教不时则伤世。事者民之风雨也；事不节则无功。"就这样，"观象授时"的时间文化体系构成了中国古代文化的根基，从根本上影响了中国人的物质生产与人文关怀。

《周易》云："刚柔交错，天文也；文明以止，人文也。观乎天文，以察时变；观乎人文，以化成天下。""天文"就是包括对太阳的观测在内的有关季节、时令变化之学。有了"天文之学"，人们可以"逆知未来"，能够主动地掌握一年四季气象变化的大趋势，这极大地推动了中国古代农耕生产的发展。而建立在"天文"与"人文"相互关联之上，中国古人发挥自己的想象，构筑了一个由客观的观察和主观的想象结合的知识体系，最终形成的，是代表中国古代文化根本特征的天人之学。作为一种思维的原则，大自然的寒来暑往与我们的生命之间构成了深刻的互动关系。一如《黄帝内经》所云："夫四时阴阳者，万物之根本也……故阴阳四时者，万物之终始也，死生之本也，逆之则灾害生，从之则苛疾不起，是谓得道。"这里的人与大自然之间的关系，已经如董仲舒《春秋繁露》所云是"天人之际，合而为一"。这套时空知识在古代位置高上，在古代文献《礼记》中甚至被称为"令"——人必须遵循的时间法则。它要求人们循顺天应时的准则，必须按照时间变化秩序安排生活。沿着这一思想脉络形成的"天人合一"的思想观念，成为贯穿中华文化数千年发展的根干性命题。细细审观整个中国古代时间文化的形成与发展，我们可以得出这样的结论，包括二十四节气在内的古代时间文化体系结构了中国古代人的时间生活。整个星汉灿烂的古代思想与文化的巨幅画卷，展开的背景正是包括太阳观测在内的中国古人对于大自然时间变化观测、认识而形成的时空观念体系。

二十四节气植根于中国古代科学精神，是对于一年春夏秋冬的时间之流做出的更为细致科学的划分。从二十四节气的形成和发展中，我们可以看到中国古人如何观察世界、认识世界、改造世界。二十四节气是中国古代时间文化体系内涵的科学精神的优秀代表，是华夏古代文明智慧最伟大的结晶，直到今天依旧拥有极大的实用性。

最后，请允许我负责地向您推荐这套《四

季风尚》。读过这套书，我觉得作者为我们打开了一扇大门。读者诸君，请走进去欣赏吧！欣赏我们的祖先留下二十四节气这份最宝贵的精神财富，欣赏它如何细致展开于我们的时间生活中，又如何对中国人的物质生活与精神审美产生巨大的影响。

是为序。

2019年8月28日

目 录

冬雪皑皑，玉树琼枝。

又是一个被银白色裹染的时节。在还没有因为浓浓烟雾而使人呼吸不畅的从前，我最爱冬天。如今，我尤其不爱冬天。当空气里弥漫着烟雾，呼吸也因此不畅时，再美的冰雪也难以将我带入纯净的胜景……我想念以前的冬天。

当然，这些与自然和季节本身无关，人们于自然中取得了一些便利，势必要付出一些代价来弥补自己的索取。冬天依然还是冬天，会有风雪，会有冰冻，但因为一些改变，它又多了雾霾。

从孟冬、仲冬行至季冬，经过立冬、小雪、大雪、冬至、小寒和大寒六个节气，时间跨度大约从公历11月初到来年2月初，其间大地冰冻、阴气繁盛，于是，冬日的节气生活多围绕着休养生息展开。

轻冰渌水漫，雁带几行残。公历11月7日前后，当太阳运行至黄经225°时，即为立冬。立冬时，草木凋零、蛰虫伏藏，万物趋于休养，以冬眠的状态为来春生机勃发做好充足的准备。立冬，便是冬季的开始。如今，社会的发展让我们没有必要再去贮藏粮食和蔬菜，技术的发展让我们不必再担心会冻成什么样子，可是，曾经冻裂的土地和屋檐的冰棱，我却格外怀念。

莫怪虹无影，阴阳依上下。公历11月22日前后，当太阳运行至黄经240°时，即为小雪。此时，天地闭塞，初雪乍现，人们的活动地点也由户外逐渐转移到室内，进入"猫冬"的状态。小雪节气以后的降雪是应时的雪，俗称"瑞雪"。瑞雪有利于粮食丰收，令人倍感欣喜与期待，民间有"小雪雪满天，来年定丰年"的说法。

小雪时节，会逢下元，这又是一个因为神秘而让人们产生敬畏感的传统节日。下元，传说是水官解厄之日，即水官将对人间的考察报奏天庭，为人解厄的日子，也是来自土生土长的道教之门。道家子弟会祭祀水神，匠人们则会祭祀炉神。

鹃鸟不鸣时，依依惜暮晖。公历12月7日前后，当太阳运行至黄经255°时，即为大雪。寒气凛冽，凝结为雪，雪量见涨，雪时见长，一时间大地进入了自我清洁的日子，仿佛也要像人一样洗很多个泡泡浴。寒冬时节，大雪漫天。物资被储备起来留作过冬之用，俗称"冬藏"；人们从一年的繁忙农事中解脱出来，俗称"冬闲"。赏雪、玩雪、煮雪的日子里，人们也像大地一样，拂去了一年的尘土，在洁白的空间里放肆欢乐。

岁星瞻北极，欢娱列绮筵。公历12月22日前后，当太阳运行至黄经270°时，即为冬至。二十四节气始于冬至，其承载的是自然物候的更迭、文化意蕴的象征以及民族精神的表达，是人们在自然时节的交接中进行生命自我更新的重要时间段落。冬至时分，农事终结，万籁俱寂，阴阳交割，春日待启，大自然的一切都处于由死转生的微妙节点，人们应该小心谨慎地度过。祭天、祭祖，是祈求神秘力量护佑的仪式，也是人们慰藉自我的一种选择。

飘萧北风起，皓雪纷满庭。在古代，冬至是人们日常生活里最为闲适与自在的节气，大家三五成群、把酒言欢，真乃赏心乐事。仲冬至仲春，阴隔久不雨。冬至更是人们在惴惴不安与洋洋得意的矛盾之中祈盼未来的重要节点，画梅也好，描红也罢，下一个充满希望的春天就在人们的一笔一画里慢慢到来。

霜鹰延北首，欢鹊垒新巢。公历1月5日前后，当太阳运行至黄经285°时，即为小寒。"小寒"一过，就进入"三九天"了，寒近极致，也意味着这一年快要走到终点。每年冬去春来，从小寒到谷雨的八个节气里共有二十四候，每一候都有一种花卉绽蕾开放，这便是美丽的"二十四番花信风"之说——花有期，风送信。

小寒时节，恰逢腊八，这是一个从腊祭开始逐渐被佛教影响的节日。腊八粥里饱含着人们的善意，腊八蒜里浸泡着人们的期待。一年的忙碌已经过去，又一年的操劳即将开始。

金炉著炭温，梅柳待阳春。公历1月20日前后，当太阳运行至黄经300°时，即为大寒。古时，大寒当日正午用圭表测日影，影长为一丈一尺八分，相当于今天的2.74米，与冬至最长时相比已短了许多，说明太阳已明显地向北偏移。夜晚观测北斗七星的斗柄指向丑的位置，即北偏东方向，这时是农历的十二月，又叫丑月、腊月。

民间常说："过了大寒，又是一年。"老板们会设尾牙宴犒劳员工，农人们会讨好灶王爷，请他"上天言好事，下地降吉祥"，老百姓们有条不紊地开始了忙年的工作，毕竟，除夕就在岁末天。

由于所学专业的缘由，我很多节气（尤其是节日）都在他乡度过。常常记得师父的叮咛："你不仅仅是一个俗民，更是一个民俗研究工作者。"

然而我也常常怀疑，我是否真的可以体会透彻他乡的民俗，既使读过再多的文本，掌握再多当地的田野资料，我也依然无法像了解家乡那样了解他乡。是的，很多时候，我都觉得自己无知，看得再多、听得再多、想得再多，都觉得无知。我总想"穷尽"，可是忘了这世界本就没有"尽"。

又到了一年的冬，这是一个总觉得需要休养的季节。世界仿佛到了一个节点，为了下一个时段积蓄力量。这个季节里，自然万物都卸去了曾经烦琐的妆容，用最简单的样子迎来酣眠的时光。

> 在冬天和奶奶一起晒太阳
> 一只麻雀偷偷上了我家的房
> 邻居家的狗在叫着汪汪汪
> 我懒洋洋　我暖洋洋
> 我的心情就像身上的棉衣裳
> 我盘算着怎么吃下一块糖
> 如果我们能到集市上逛一逛
> ——赵照《在冬天和奶奶一起晒太阳》

在我的印象里，冬天就应该沉沉地睡一觉，再懒洋洋地晒一晒太阳。沉睡是可以获得力量的吧，可为什么有人不愿入眠，有人不想苏醒呢？

用现在比较时髦的话来说,"顺其自然"是一种有点"佛系"的状态,可是有多少人真的懂"顺其自然"或是真的做到"顺其自然"呢?他们真的还在乎"自然"吗?这场酣眠,又是多少人心中浪费时间的"奢侈"行为呢?看吧,我依然还是不懂,依然还是无法穷尽。我,只是若干个愿意按时入睡和醒来的人其中一个而已。

我爱过冬天,可如今傲雪凌霜却被沾染,大自然也是无可奈何的吧。

累累伤痕,不是自我的堕落,而是他人的给予。

这,便是冬的无奈。

可是,历史还在前进,环境还在改变。我们走到冬天,于不甘心中又多了一份责任,为了与自然和谐共生而不断努力。

银装素裹,天凝地闭。

冬乃白色,是雪,是冰,更是心。

立
冬

当寒气逼人，钻心刺骨，风像刀子一样轻微地划割皮肤的时候，冬天就悄然地来到了。

庭前木叶半青黄。立冬是冬季的第一个节气。《月令七十二候集解》曰："立冬，十月节。立，建始也。五行之气往者过来者续于此。冬，终也，万物收藏也。"冬天，阳气潜藏、阴气盛极，万物趋于休养，以冬眠的状态为来春生机勃发做好最充足的准备。所以，冬天总有睡不够的觉，大概是在为自己积蓄能量吧。

旱久何当雨，秋深渐入冬。黄花独带露，红叶已随风。

边思吹寒角，村歌相晚春。篱门日高卧，衰懒愧无功。

——［元］陆文圭《立冬》

千百年来的生活告诉人们，来到了冬之初，便又到了一年的尾声，人们往往会默默企盼，希望这一年中很多不好的事情终于此。

冷霜立冬祷

立冬是季节的转折，也是一年中极为重要的时间点。人们要在秋粮入仓之时酬谢神灵、庆祝丰收，同时也要为即将来到的萧条光景进行准备和祈祷，以求健康、圆满地度过冬季。

古时，为了度过严寒，人们会准备好冬衣、冬帽，并对身体进行清洁，认为这样有利于安然过冬。

《西湖游览志馀·熙朝乐事》有记："立冬日，以各式香草及菊花、金银花煎汤沐浴，谓之扫疥。"古时冬日寒冷，洗澡自然十分不便，疥虫、跳蚤等寄生虫便乘机在人的身上肆虐繁殖起来，皮肤病也容易流行、传染，所以古时常有瘟疫致使人性命不保的记载。于是，人们会在立冬这天洗药草香汤浴，以期把身上的寄生虫全部杀死，整个冬天不得疥疮。

现在在很多地方，洗澡已经不是什么困难的事情，于是扫疥也显得没那么必要了。但是，对于平日辛勤工作的上班族而言，即便不用菊花或是金银花煎汤沐浴，在这万物蛰藏的立冬时节来一场暖暖的香薰浴，也能够让人们在百忙之中缓解一下压力、释放一下疲惫。或者，现在温泉遍及祖国各地，随便寻一处离家近的地方泡一泡，也足以消除倦意，算是立冬一事了。

旧时，人们还会举行一定的仪式酬谢上苍并祈盼冬日时光可以安稳度过。

古人以冬与五方之北、五色之黑相配，故皇帝有立冬日出郊迎冬的仪式，并赏群臣冬衣、抚恤孤寡。此外，祭祀冬神也是重要的仪式。《礼记·月令》有载："（孟冬、仲冬、季冬之月）其帝颛顼，其神玄冥。"据说，冬神名叫禺强，字玄冥，人面鸟身，耳朵上挂着两条青蛇，皇帝率领文武百官到京城北郊祭冬神。祭祀冬神的场面十分宏大，《史记》上记载，汉朝时祭祀冬神，要有七十个童男童女一起唱《玄冥》之歌：

玄冥陵阴，蛰虫盖藏，草木零落，抵冬降霜。
易乱除邪，革正异俗，兆民反本，抱素怀朴。

条理信义，望礼五岳。籍敛之时，掩收嘉谷。

——［汉］班固《汉书·礼乐志》

在我喜欢的希腊神话里，有一个动听的故事讲述了有关冬天的来历：众神之王宙斯与农业丰收女神得墨忒耳有一个独生女名叫普西芬尼，母亲对她百般宠爱，她也慢慢地长成一个亭亭玉立的少女。有一天，普西芬尼在山坡上采花，冥神哈得斯遇到她，一见钟情，不能自拔。冥神知道得墨忒耳绝不会让女儿离开她到黑暗的地下王国和他一起生活。于是，他就秘密绑架了普西芬尼。

失去女儿的得墨忒耳毅然离开了奥林匹斯山，到凡间流浪。因为她不再返回山上，也不处理农务，所以大地枯竭，颗粒无收，凡人不能给神献祭，众神也过得艰辛难熬。于是，众神都乞求女神尽快回到奥林匹斯山上。这时，宙斯认识到事情的严重性，于是给冥神下了一道命令，让普西芬尼回到阳光灿烂的大地上和母亲团聚。哈得斯不敢违抗神王，但在普西芬尼离开之前，哈得斯给她吃了四颗石榴籽，迫使普西芬尼每年都不得不同哈得斯生活四个月。

后来宙斯决定每年让女儿陪她母亲得墨忒耳

一起生活八个月，陪她丈夫哈得斯生活四个月。得墨忒耳同意了这个决定，回到了奥林匹斯山处理农务。顿时，大地一片葱绿，麦浪滚滚。可当女儿回到哈得斯身边，她又开始想念女儿，不打理农务。这个时候，人间就开始进入冬季了。

你看，天下之大，到处都有美丽的故事，能把看上去略显清冷的日子变得温暖起来。所以，立冬这天，一定要给孩子们讲讲冬天的故事，哪怕它离我们的生活很远。也许，某个故事里的某个人物就会成为影响孩子一生的人，或者，至少当孩子们长大后，还会记得在某一个天气微冷的时候，妈妈曾经给他们讲过关于冬天的故事，这，实在是一件暖心的事。

寄与亡魂知

"这边已经冷了，你那边还好吗？"

霜降到立冬的时间段落内有一个温暖的传统节日——"寒衣节"。旧时，寒衣节这天民间虽然没有宏大的仪式，但是严寒的季节即将来临，给生活在另一个世界里的人们带去问候与储备也是必要的。

连云衰草，连天晚照，连山红叶。
西风正摇落，更前溪呜咽。燕去鸿归音信绝。
问黄花、又共谁折。征人最愁处，送寒衣时节。
——［宋］朱敦儒《十二时》

寒衣节，也称"十月朝"，除烧送纸钱外，传统的寒衣节还要烧送五色纸做的寒衣，以示为亡魂递送衣服来过冬御寒。《帝京景物略·春场》有当时寒衣节的详细描述："十月一日，纸肆裁纸五色，作男女衣，长尺有咫，曰寒衣。有疏印缄，识其姓字辈行，如寄书然，家家修具夜奠，呼而焚之其门，曰送寒衣。新丧，白纸为之，曰新鬼不敢衣彩也。送白衣者哭，女声十九，男声十一。"

气候变冷，为了避免先人在另外一个世界饱受严寒的折磨，十月初一晚上，人们要在门外焚烧五色纸裁成的寒衣。民间有传说认为寒衣节与孟姜女相关：孟姜女的丈夫杞梁应官府征役去修筑长城，孟姜女在十月初一这天启程，给远在千里外的丈夫去送衣御寒。等她来到筑城工地，获知丈夫已劳累而死并被埋进长城脚下后，孟姜女号啕痛哭，竟使长城城墙坍倒，她从城墙下找到丈夫尸骨，将其埋葬后投海自尽。百姓闻此深受感动，以后每到十月初一这天，便焚化寒衣，代孟姜女寄送给亡夫，从而逐渐形成了追悼亡灵的寒衣节。

这佳人胆似金石心似铁，哪管那鞋弓袜小路途长。
布裙荆钗含娇敛艳，风吹雨淋淡月斜阳。
独寻夫主心已定，她是亲送寒衣到边疆。
——摘自京韵大鼓《孟姜女》

旧时北京有句谚语叫"十月一，送寒衣"，每年到十月初一，人们总是预先糊好"寒衣包""金银包袱"，在包袱外面写上地址和姓名，然后焚化。此外，民间送寒衣时还讲究在十字路口焚烧多余的五色纸，是为了防止那些无人祭祖的孤魂野鬼抢夺亲人的过冬衣物。

母亲是外祖母的独生女儿，当时对于已经去世的外祖母，她以极为虔诚的感情纪念着，每年到十月一，总预先糊好"寒衣包"、"金银锞子包袱"，完全像《帝京景物略》说的那样，让我给她在"包袱"外面写上地址，"某县、某村、某处"，写上外祖父、母的称谓、姓氏，另外还要写个小包袱"土地酒资五锭"。慢慢我大了一些，受到科学教育，就觉得她实在迷信可笑，我虽每年勉强给她写，但心中颇不以为然。但在自己哀乐中年之后，又感到自己当年也是非常幼稚可怜的了。古人云："生死亦大矣。"对于亲人的怀念，究竟用什么方式表示才好呢？

——摘自邓云乡《燕京乡土记》

这是红学元老邓云乡回忆其母"烧包袱"的过程后发出的感叹，那个世界和这个世界的距离说远不远，说近不近，唯一能够到达的方式就是一把火了，简单得让人心酸。

生活在城市中的人们，大概没有肆意焚烧"包袱"的机会，那么到了寒衣节时，我们能做些什么呢？我曾经"空想"过，或许我会在亲人离开人世的时候种上一棵树，想念的时候就去树下说说话，他们说不定能听得到呢。

补冬补嘴空

立冬，万物收藏，以避寒冷。

作为人类，我们虽然没有冬眠之说，但却有进补的意识。《饮膳正要》曰："冬气寒，宜食黍，以热性治其寒。"从阴气滋生之日起，人们就开始想方设法给自己补充营养、积蓄能量，例如杀只鸡、宰只羊饱腹，人们还给这种行为起了一个好听的名头："补冬"或是"养冬"。

养生无欠亦无余，种竹围篱草结庐。
鉴地觅甘分乳脉，锄田得实饱新蔬。
壁间数本空王像，架上都无养性书。
我自病来能晚食，从今缓步当安舆。
——摘自［宋］王洋《壬戌立冬十月十一日陪路文周朋携提祖同访后》

寒冬里，我生活的地方正值吃牛羊肉的最佳季节。然而在长江以南，人们更喜欢在这个季节吃些鸡鸭肉。说来有趣，畜类和禽类很早就被驯养，卖了力气也添了美味，给人类的生活带来了诸多便利与乐趣。

甘蔗也可列入冬季进补的食物之一，事实上人们很早就将甘蔗视为补养之物了，《本草纲目》中载："蔗，脾之果也。其浆甘寒，能泻火热。"立冬之后，甘蔗已经成熟，吃了不上火，不仅能起到滋补的功效，还可以保护牙齿。因为甘蔗的纤维含量很高，所以食用时反复咀嚼，有和刷牙一样的功效，有助于提高牙齿的洁净和抗龋能力，潮汕地区有民谚曰"立冬食蔗齿不痛"。

我爱吃甘蔗，虽然吃起来很费劲，但是它甘甜的味道还是征服了我的味蕾。尤其是在田间野外遇上那种拉着一车甘蔗叫卖的人，我肯定要买上一截，坐在路边嘎吱嘎吱地啃起来，颇有些苦中作乐的感觉。生活有时候需要过得精致，有时候也需要过得粗糙，就如同没有苦辣酸，哪知道甜的滋味到底是什么呢？

冬令进补吃膏滋是苏州人立冬的传统习俗。膏滋是用中药加水煎煮后滤渣，将药液浓缩再加蜂蜜等做成的膏状剂。从唐宋时期开始，人们就将膏滋作为药方使用，并把它视为祛病强身、延年益寿的好方法。旧时苏州，大户人家用红参、桂圆、核桃肉烧汤喝，有补气活血助阳的功效。如今，每到立冬节气，苏州一些中医院以及部分老字号药房也会开设进补门诊，为老百姓煎熬膏滋。对于滋补身体特别感兴趣的人们，不妨到苏州去寻觅一下，也许会有不小的收获。

冬月无蔬菜

古时，人们的生产与生活处在严酷的自然条件下，没有先进的科技手段作支撑，所以一旦作物丰收，便开始筹划储备物资以安然度过寒冬，等待来年春回大地，再开始新一轮的奔忙。进入冬季，万物萧条，很多地方的人们会在立冬这天将新鲜蔬菜收藏起来，以备过冬之需。《东京梦华录》记载了汴京人在立冬时，忙着准备冬菜的情景："是月立冬。前五日，西御园进冬菜。京师地寒，冬月无蔬菜，上至宫禁，下及民间，一时收藏，以充一冬食用。于是车载马驼，充塞道路。"

蔬菜腌制是最古老、最普遍也是冬季最常见的蔬菜加工方法。"菹"字在旧时与这一活动密切相关，汉代之前指将食物用刀子粗切，同时也指切过后做成的酸菜、泡菜或用肉酱汁调味的蔬菜，汉以后则泛称加食盐、加醋、加酱制品腌制成的蔬菜，《荆楚岁时记》有曰："仲冬之月，采撷霜芜菁、葵等杂菜，干之，并为咸菹。"

我的母亲在我很小的时候就喜欢在入冬之际腌些黄瓜咸菜。黄瓜是那种没长好的小小的、弯弯的如同月牙一样形状的，我们当地人俗称"黄瓜niu（二声）儿"，然后用酱油、姜等原料熬制一锅腌汤，再把小黄瓜和青辣椒放进去，腌个几天就可以吃了，而且还可以随腌随吃，是早上喝粥的必备佐食。我想这可能就是人们常说的"家的味道"吧。

除了腌菜之外，很多地方的人们也在这一天酿酒：

味备香甜胜四花，头冬美酒俗堪夸。

他年过礼迎新妇，十二坛应送女家。

立冬后，各家酿酒，名"头冬酒"。有"三花""四花"之目。

——摘自 [清] 陈芝诰《怀城四季竹枝词》

旧时，桂乡的人们立冬之日会酿些米酒，以备不时之需，尤其可做来年婚嫁之用，颇有些女儿红的意思。只不过，女儿红储存的时间要更

长一些。女儿红为旧时江浙富家生女嫁女必备之物。女儿呱呱坠地之日，父亲便会用糯谷酿成三坛女儿红，仔细装坛封口深埋在后院桂花树下，待到女儿十八岁出嫁之时，用酒作为陪嫁的贺礼，恭送到夫家。在我们中国人尤其是古人的眼里，万物皆有情，就连一坛"女儿红"，也藏着浓得化不开的父爱。

立冬初五日，初候水始冰。气温降低，水面开始凝结成冰，但寒气有限，冰面不至于坚不可摧。

立冬又五日，二候地始冻。寒气入土，土地也开始上冻，但积蓄的热量还在，土地不至于冻如石块。

立冬后五日，三候雉入大水为蜃。天寒地冻，雉鸟蛰伏，天空中不见了鸟儿的影迹，水中的蚌类却在此时大量繁殖，所以古人以为是雉变成了蜃。

冬天到了，这一年走到了末尾。虽然现在的物资不像过去那么匮乏，但是冬日里自己准备些腌菜还是好的，一是可以在喝粥的时候作佐食，让生活变得有滋味；二是可以亲自动手，看看与记忆中的味道是否有差距。

当然，天寒地冻即将来临的日子，为另一个

世界的人们送去些温暖也是必要的。不过，因为环境的问题，再焚烧些衣物实在不是可取之事，到去世亲友的魂归之处说上几句体己的话吧，也许比衣物更暖心。

小
雪

一到冬天，人们时常会盼望雪的到来，也许是一下雪，整个世界都会干净很多的原因吧。

同雨一样，雪也是降水，只不过因为天寒的缘故，水滴凝结成晶状，加上日光的折射和反射，呈现出一片洁白的样子。听说，北极熊的毛和雪一样，也是透明无色的，因为阳光在其中折射了之后看起来才是白的。

《月令七十二候集解》记曰："十月中，雨下而为寒气所薄，故凝而为雪。小者未盛之辞。"由于天气寒冷，降水形式由雨变为雪，但又由于寒冷初始，所以雪量不大，地面无法形成积雪。

和暖小阳春

虽已入冬令，但天气还不算十分寒冷，一些果树会开二次花，呈现出好似春三月的和暖天气，这样的天气被称为"小阳春"。

依稀记得小时候，气候还没有暖成现在的样子，那时候冬天的土地还会冻裂，那时候我家门前的小河还能够结冰，那时候我也曾背着大人们在冰上做些危险的活动，那时候的冬天和童年都跟现在的大不一样。

小阳春的日子里，外出感受自然也还是可以进行的活动，只是目的地可能需要好好筹划一番。与很多冬季喜欢避寒的朋友不同，越是入冬，我越是想去天寒地冻的地方，比如这个时间段的东北。

旧时，小雪时节是进山打猎的好时候：

辽阳壮士气昂藏，北山杀虎如杀羊。

传来小雪明朝是，检点长竿白蜡枪。

——摘自［清］姚元之《辽阳杂诗》

可惜的是，向往了很久的寒冬雪地之行到现在为止也没有实现，有时候望着友人洋洋自得晒出的、没过膝盖的雪地风景，感叹的同时也会暗下决心，一定要在某一年的雪季去往漫天冰雪的地方，一个人或是携着要好的朋友，走一走踩下去能咯吱咯吱响的雪地，最好远处还会有一棵满是雪挂的松树傲然挺立，日光打在冰晶之上，熠熠发光。那样的场景，单是想想便觉得美得无以复加。

然而，由于我国地广物博，小雪时节的有些地区还处在秋收的扫尾阶段。据《礼记·月令》记载，旧时的孟冬十月，天子会派官员巡视，让人们把露天堆放的禾稼、柴草全部收藏起来，如果到了十一月，农作物还不入库的话，旁人就可以将其取走，不会被责罚。而在东北地区，"小雪封地，大雪封河"。在传统农作区域，人们的活动地点由户外逐渐转移到室内，进入"猫冬"状态。

小雪节气期间，还没有掌握太多科技知识的

人们也会"占卜"天气和农事。

瑞雪兆丰年，霜重见晴天。小雪节气以后的降雪是应时的雪，俗称"瑞雪"。瑞雪有利于粮食丰收，令人格外欣喜与期待。民间也有"小雪雪满天，来年定丰年"的说法，可见雪对于庄稼有着实实在在的好处。据《农政全书·占候》记载，十月之内若有雷，主灾疫，谚云"十月雷，人死用耙推"；如果有雾，俗称"沐露"，主来年水大，谚云"十月沐露塘澬，十一月沐露塘干"。科学不发达的时代，这样来自于经验的知识也非常宝贵。

据民间传说，农历十月十六日是寒婆婆的生日（或是打柴的日子），老百姓有以这天天气好坏来推断整个冬季天气情况的习俗。据说，寒婆婆是鲁班的母亲，农历十月十六日冻死后成了神仙，玉皇大帝因其冻死于严冬，赐名"寒婆婆"，并命她掌管冬季气候，特地恩准她在离开人世的这一天，下凡去备足冬天取暖的柴火。所以，如果这一天天气晴好，寒婆婆就上山打柴，有柴取暖，她就会让整个冬季雨雪不断；如果这一天下雨下雪，寒婆婆怕冷不敢出门打柴，她就会多安排些晴天，整个冬季也就不会太过寒冷了。

冬日食汤菜

小雪节气以后，西北风比较多，气温骤降，人易感受寒邪而生病。

在我还没有接触过中医的时候，对于"寒邪"这样的词语甚是无知，直到一年的冬天，我左边的肩膀就像马上要掉落一样，每根骨头都咔咔乱响，无奈之际，在朋友的建议之下去拔了个火罐，医师取下火罐后用惊讶的语气告诉我：你肩膀的寒气太吓人了！我望着与其他地方不同颜色的印记，好像打开了一扇未知世界的大门一样，虽然不至于"迷信"，但的确开始重新认识了一件事物。从那以后，我对于"湿寒"敬畏有加。所以，这个时间段里我还是更喜欢可以御寒的热乎乎的东西。

从之前的立冬开始，家家户户几乎都会腌制一些蔬菜以应过冬之需，只是每个地方选择的时间点并不相同：

畦蔬收莫晚，圃吏已能供。

根脆土将冻，叶菱霜渐浓。

不应虚匕筯，还得间庖饔。

旨蓄诗人咏，从来用御冬。

——［宋］梅尧臣《寒菜》

华东江浙一带会在小雪时节腌寒菜，清代厉
惕斋在其《真州竹枝词引》中记载了这个习俗：
"小雪后，人家腌菜，曰'寒菜'。"腌寒菜需
要一只一人高的大缸，缸里铺一层青菜、码一层
盐，待装到满满一缸了，人站上去踩实。等压实
了，人出来后再抬一块大石头重重地压在上面。这
样腌出来的寒菜又好看又好吃。

小雪前后吃刨汤是土家族的风俗习惯，土
家族主要生活在湘、鄂、渝、黔交界地带的武陵
山区，如果对土家族不是很熟悉的话，武陵桃花
源想必很多人都知道，或是因为小时候便背过的
《桃花源记》，或是因为曾经大噪一时的神曲《桃
花源》。说回土家族小雪时节吃的"刨汤"，指的
是刚刚宰杀的猪，过开水褪毛，趁着肉还没变成
僵硬的肉块前，即烹制成各种美味的鲜肉大餐，

也叫"杀年猪"。这个猪是自己家喂来过年吃的。有的杀猪匠还会看"彩头",从赶猪出栏开始,一直到猪断气,据说可以通过猪的反应、猪断气前的各种细节来"占卜"主人家明年的运势。杀年猪时,主人会宴请亲朋好友,大家一起吃喝玩乐,热情的主人一般还要给来的客人送一刀肉。小雪前后吃刨汤,于土家族而言是寒冬里的一道大餐,吃了刨汤,也就为即将到来的新年做好了充足的准备。

水官解厄辰

　　小雪节气期间的农历十月十五是我国传统节庆中的下元节，跟我国本土的道教有着很大的关系。

　　道家有三官：天官、地官、水官（一说天官为唐尧，地官为虞舜，水官为大禹），人们常说天官赐福、地官赦罪、水官解厄。三官的诞生日分别为农历的正月十五、七月十五、十月十五，所以这三天被称为"上元节""中元节""下元节"。

　　道家认为农历十月十五为水官诞辰日，也就是水官根据考察报奏天庭，为人解厄的日子。宋吴自牧《梦粱录》："（十月）十五日，水官解厄之日，宫观士庶，设斋建醮，或解厄，或荐亡。"《中华风俗志》也有记载："十月望为下元节，俗传水官解厄，亦有持斋诵经者。"老百姓们对待未知的境况，总有自己的办法，虽然最终的效果见仁见智，但是做些什么总比什么都不做来得放心些。

径山不敢相谩，开口便见心肝。

今朝十月十五，下元解厄水官。

——［宋］释师范《偈颂七十六首》

民间传说，下元节是水官大帝——大禹的诞生日，当天禹会下凡人间为民解厄，所以家家户户张灯三夜，在正厅上挂一对提灯，并在灯下供奉鱼肉水果等，以求平安。道教弟子家门外均竖天杆，杆上挂黄旗，旗上写着"天地水府""风调雨顺""国泰民安""消灾降福"等字样。道观则会做道场，为民众解厄除困，有些老百姓也会前往道观观祭。

在匠人们的生活里，下元节是祭祀炉神——太上老君的日子。太上老君，应该是一个人们都非常熟悉的人物，尤其是在《西游记》的故事里。《西游记》中孙悟空使用的武器——如意金箍棒，原是太上老君冶炼的神铁，后被大禹借走治水后遗放在东海。而猪八戒所使用的武器——上宝沁金钯，也是太上老君用神冰铁亲自锤炼而成。太上老君还有多件法宝，诸如金刚镯、紫金红葫芦、羊脂玉净瓶、幌金绳、芭蕉扇、七星剑等，但是，奉太上老君为炉神于史料无考。大概是因为他那甚是有名的炼丹炉——这炉子中，孙悟空被六丁神火炼烧七七四十九天，倒也没损伤分毫，还练就了一双火眼金睛，所以使用火炉的匠人尊太上老君为炉神。

除此之外，民间信奉的还有一位女性炉神——李娥，也被称为"炉神姑"。相传三国时期，李娥的父亲为铁官，为东吴打造兵器。某天，炼金炉突然出现故障，铁水不出。可是当时的东吴刚刚建立，法令甚严，耗折官财十万即坐斩。由于炼金炉的故障，李娥的父亲耗损的量大于十万，十五岁的李娥很痛心，于是投身炉中，之后便见铁水溢出炉口，李娥的身体也随之熔化。为了纪念这位无私无畏、勇于献身的姑娘，人们尊称她为"炉神姑"，并为她建庙宇、塑神像，以资怀念。民间传说中有很多凄美的故事，无论是不是真实存在，总能勾起人们的情感共鸣，因为这些故事就像是某个身边或是远方的小村子里发生的事情，总能让人们相信一些东西，再去坚持一些事情。

下元节，人们会进行祭祖活动：在月亮出来的时候，把家谱、祖先像、牌位等供于上厅，然后摆好香炉、供品等，开始祭祀亡灵，祈求保佑。有时候，我会觉得逝去的人们也很繁忙，和这个世界的人们一样都需要顾及对方的生活状态，却又没有办法再在一起生活。下元节了，如果离故乡太远的话，就把孩子们聚在一起，讲讲先辈的故事吧，他们也在跟我们一样守望着故土。

在广东潮汕地区，农历十月十五日是民间信仰中"五谷母"的神诞日。听起来名字很像一位女性，但事实上"母"并不是性别，而是指其"创造"了粮食。民间供奉的"五谷母"又称五谷大帝、五谷爷，神像多为神农氏，因其教人种五谷，被奉为五谷神。潮汕地区每年农历六月十五和十月十五正是早晚稻收获的时候，所以一般选择这两个时间进行拜祭。五谷神平常没有神位，拜祭时有的设在饭桌上，有的设于米缸前；有的直接在收割完的田地里，农民用米筒装满白米，筒口封上红纸，供插香烛用，算是"五谷母"炉，焚香拜祭时用"五谷丰登，米粮充足"的祷祝来答谢五谷神。旧时，人们对于很多所得都会带有崇敬的心理，认为是先祖或是神秘力量的恩赐，只有时时感激才会让自己的生活更加美满。对于自然的敬畏，让那时候人们的一些举动略显傻气，却带着一丝可爱。

小雪初五日，初候虹藏不见。冬天，空气寒冷而干燥，水分不足，不再有雨，于是彩虹很难出现。

小雪又五日，二候天气上升地气下降。天气转寒，阳气上升、阴气下降，阴阳二气之间并不相互交通，阳气衰败而由阴气主导。

小雪后五日，三候闭塞而成冬。阴阳不通，导致天地闭塞，万物失去生机，进而转入严寒萧条的冬天。

假如我是一朵雪花，
翩翩的在半空里潇洒。
我一定认清我的方向——
飞扬，飞扬，飞扬，
这地面上有我的方向。

——摘自徐志摩《雪花的快乐》

小雪开始，期待的白色世界随时都会来临。冬日的时光，窝在家里对于上班族而言就是最理想的状态，煮茶赏雪，家人围坐一起分享与雪有关的故事是再温馨不过的事情。可是这些对于生活在快节奏时代的人们而言，怕也是奢侈的吧？小雪纷飞的天气里，很多人依然在奔忙。

大雪

小雪过后，时间的脚步就到了大雪这个更加具有梦幻色彩的节气。

《月令七十二候集解》曰："大雪，十一月节。大者盛也。至此而雪盛矣。"时入仲冬，寒气凝固，雪量见涨，雪时也见长，大地会经常呈现出一片白茫茫的颜色，鲜亮而清净。

大雪，标志着仲冬时节的正式开始，万物已然蛰伏，自然仅余萧瑟，寒气凌冽，凝结为雪。

雪多见丰年

大雪期间的北方已经到了真正意义上的农闲季节，几乎只有修葺禽舍、牲畜圈墙等的农事可做，所以民谚曰"大雪纷纷是旱年，造塘修仓莫等闲"，此时要加紧修道、修仓，以备来年之需。

其实，民间有很多关于雪与农作物之间关系的谚语，比如"瑞雪兆丰年""冬天麦盖三层被，来年枕着馒头睡""腊雪盖地，年岁加倍"等等。一场大雪使得田地像盖了一床棉被一样，土地里的热量被保留，可以保护越冬农作物，一旦雪融化渗透到土里，越冬的虫卵就会被冻死，这样的境况对于农作物的生长非常有利。还有诸如"大雪不寒明年旱"的说法，如果大雪时节不降温，来年雨水不满，有可能导致干旱；"大雪下雪，来年雨不缺"，大雪节气下雪，预示着来年雨水充沛；"大雪不冻倒春寒"，如果大雪不冷的话，来年春天会"倒春寒"，要未雨绸缪，提前做好应对准备。农人的智慧是从日夜的耕作中得来的，既简单又质朴，而且很符合自己的生活规律。他们靠着这样的智慧为自己的操劳注入一些或理性或感性的东西，没有那么唯美与浪漫，却是生活中的小滋味。

俗话说"小雪腌菜，大雪腌肉"，大雪这个时间段落里，人们仍然处在储备过冬食物的过程之中。

在我国南方地区，农人们开始准备过年的腊肠、腊肉等，到春节时正好可以享受美食。腊肉是湖北、湖南、江西、云南、四川、贵州、陕西等地的特产，已有约几千年的历史。《周易》中有"噬腊肉，遇毒；小吝，无咎"的记载。《说文》释："腊，干肉也。"古时，腊肉一般是指农历十二月（即腊月）打猎获得的上等猎物，多用于宗庙祭祀。一般来说，我国南方地区潮湿炎热，储存猎回的肉类十分困难，于是发明了腊肉，久而久之腊肉也就成了人们寒冬腊月里的吃食。"未曾过年，先肥屋檐"，说的就是到了大雪节气期间，会发现许多人家的门口、窗台都挂上了腌肉、香肠等，俨然成为一道亮丽的风景。

关于腊肉，孔子及其弟子的传说很是有趣。据说，孔子对腊肉情有独钟，他曾说过谁送他十条腊肉，他就教谁。那个时候，学生与教师初见面时，必先奉赠礼物，表示敬意，名曰"束脩"，基本上就是拜师费的意思，也可以理解为学费。孔子带学生，希望他们都奉送腊肉当作学费，可见其对腊肉的喜爱程度。唐代，学校中仍采用束脩之礼，对此，国家也有明确规定。

我个人喜欢腊肠多于腊肉，总感觉后者有一种怪怪的味道，而且有时候咸得可怕，开玩笑地说，可见我是不能成为如孔子一样的人物的。但说真的，其实应该找个时间点给老师们送些礼物，虽说礼尚往来这件事很容易走偏，但不能因为容易偏就不做。据说，曲艺行当里还流行三节两寿的做法，一般徒弟都要在这些特殊的时刻去拜访师父。虽然，现代意义上的教师和师父有着很多差别，但是感恩之情却不能减少。

岁暮大雪天

寒冬时节，大雪漫天。

人们从一年的繁忙农事中解放出来，俗称"冬闲"。冬闲时分，物候为准，人们会利用此时的自然条件，按照节令行事作息，或是观雪赏景，或是冰嬉作乐，纵情于冰天雪地之中，敞怀于傲雪凌霜的气势之下。

古人称雪为"五谷之精"，《埤雅》曰："雪六出而成华。""言凡草木华多五出，雪华独六出，阴之成数也。"雪景之美，常常能激发人们此时对于自然物候的钟爱与感喟。

从宋代开始，赏雪作为市井生活开始见于文献记载。据说，那时杭州城内的王室贵戚多去明远楼赏雪，眼前有通透琉璃，后苑有大小雪狮，并有雪灯、雪山，一片美景，赏心悦目。而很多

豪贵之家，逢下雪天便会大开筵席，塑雪狮，装雪灯，以会亲友。

古时的人们颇有生活的情趣。宋代嘉泰元年，居士张约斋在《赏心乐事》中为自己计划了一年四季可做的"赏心乐事"，其中十一、十二月中就有"绘幅楼前赏雪""南湖赏雪""瀛峦胜处赏雪"，这让我一度对江南的雪景颇为憧憬。

可惜的是，我到江南的时间大都恰好赶在春夏，当然也是源自我内心中越冷越想往北走的情结，也许某个冬天，我会赶去江南，亲自领略一下古人笔下不一样的雪景：

崇祯五年十二月，余住西湖。大雪三日，湖中人鸟声俱绝。是日更定矣，余挐一小舟，拥毳衣炉火，独往湖心亭看雪。雾凇沆砀，天与云与山与水，上下一白。湖上影子，惟长堤一痕、湖心亭一点、与余舟一芥、舟中人两三粒而已。

到亭上，有两人铺毡对坐，一童子烧酒，炉正沸。见余，大喜曰："湖中焉得更有此人！"拉余同饮。余强饮三大白而别。问其姓氏，是金陵人，客此。及下船，舟子喃喃曰："莫说相公痴，更有痴似相公者！"

——［明］张岱《湖心亭看雪》

痴人赏雪，算是未完成的旅行计划之一吧，也许明年，也许某一年的大雪天，我会到江南去小住一段时间，可能会有更多对于冬季的认识。就像这一年的冬天，我因为多次外出做田野调查，加上北方的空气实在是糟糕透顶，不小心就感染了支气管肺炎，前前后后、反反复复有三四个月的时间，咳到恨不得把五脏六腑都吐出来的地步，身在江南的朋友发来恳切的问候：回南方吧，空气好了，你的病就好了。朋友是我在上海读书时的伙伴，家在苏地，父母在某个风光极好的村镇上有一处别墅，我曾去做客，真是爱极了那里的闲适与舒坦。可有些提议，大抵也只是说说而已，像我这样血里有风的人，能扎根的大抵只有故乡。

　　说回赏雪。清代以后，赏雪、玩雪之风在宫中更是盛行，清代宫廷画家郎世宁便有《乾隆赏雪图》。关于乾隆赏雪，还有一则有趣的民间传说。相传，乾隆赏雪时即兴作了一首打油诗："一片一片又一片，三片四片五六片，七片八片九十片。"到第四句时卡了壳，然后一旁的宰相刘墉，也就是大家熟知的刘罗锅应道："飞入梅花皆不见。"点睛之笔，足见才情。

　　此外，煮雪烹茶算是古代文人的极致雅事，

那时的文人认为，雪乃凝天地灵气之物，从天而降、至纯无暇，为煮茶的上品之水，以柴薪烧化雪水烹茶，可使茶香更清冽。唐代诗人白居易曾写诗描写煮雪烹茶的情趣，诗云：

烂熳朝眠后，频伸晚起时。
暖炉生火早，寒镜裹头迟。
融雪煎香茗，调酥煮乳糜。
慵馋还自哂，快活亦谁知。
酒性温无毒，琴声淡不悲。
荣公三乐外，仍弄小男儿。

——［唐］白居易《晚起》

明人高濂在《扫雪烹茶玩画》一文里这样说："茶以雪烹，味更清冽，所为半天河水是也。不受尘垢，幽人啜此，足以破寒。"雪自天而降，没有污染，虽是至寒之物，但是能够破寒，这个道理大概与人们常言所说的"以毒攻毒"如出一辙。《红楼梦》中也描绘过妙玉的"煮雪烹茶"：

妙玉执壶，只向海内斟了约一杯。宝玉细细吃了，果觉轻浮无比……黛玉因问："这也是旧年的雨水？"妙玉冷笑道："你这么个人，竟是大俗人，连水也尝不出来。这是五年前我在玄墓蟠香寺住着，收的梅花上的雪，共得了那一鬼脸青的花瓮一瓮，总舍不得吃，埋在地下，今年夏天才开了。我只吃过一回，这是第二回了。你怎么尝不出来？隔年蠲的雨水哪有这样轻浮，如何吃得。"

诸如妙玉、黛玉之类的人，文雅得很，自然对很多东西也较真得很。陈年雪煮来烹茶约是可行，但实际上口感却未必上佳。梁实秋在散文《雪》中曾记述过自己尝试煮雪烹茶之事，结果他言道："我一点也不觉得两腋生风，反而觉得舌本闲强。我再检视那剩余的雪水，好像有用矾打的必要！空气污染，雪亦不能保持其清白。"如此看来，文雅之事也要靠老天爷成全。

还记得很小的时候，我们住的房子不高，那时候的大雪天屋檐还会结冰凌，小孩子们常常把冰凌当作冰棍食用，别有一番滋味。如今，我生活的地方已经很少能看到冰凌了，即便是看到恐怕也像梁实秋先生一样，实在不敢轻易品尝。说来可惜，我关于冬天的那些美好的感受，慢慢地都随着雾霾的加重烟消云散了。

可为冰上嬉

　　民谚有曰："小雪封地，大雪封河。"旧时，到了大雪节气，河里的水都冻住了，人们得以在岸上欣赏封河风光，或是到已经封冻的河面上尽情地滑冰嬉戏。当然，我没有关注过那时因为冰上嬉戏发生的意外事件，只是凭空想象觉得应该会比现时少一些，毕竟那时的冬天，土都能冻得结成块，想必河里的冰也是厚到足以承受人们的嬉耍活动的。

　　冰嬉，也称冰戏，主要包括寒冬冰上的各种娱乐、竞技活动，例如滑冰，其雏形当为古时冰天雪地里的交通方式，后来逐渐成为人们军事生活乃至休闲生活的主要活动，大约在元明时期初见规模，至清代则大盛。

　　隋唐时期，北方的室韦人（旧时东北的民

族）在积雪的地方狩猎时"骑木而行"，《新唐书》记载人们"俗乘木马驰冰上，以板藉足，屈木支腋，蹴轹百步，势迅激"，这种木马已经很像现代的滑雪杖了。后来，北方的女真人用兽骨绑在脚下滑冰，又逐渐演化成用一根直铁条嵌在鞋底上，这铁条便是最早的冰刀。

据闻，清太祖努尔哈赤还专门组织了一支善于滑冰的部队，曾完成过"天降神兵"的经典战役：公元1618年冬，努尔哈赤驻守的墨根城被敌兵围困，当时大雪封路，行军困难，眼看就要守不住的时候，努尔哈赤的部将费古烈率兵前去救援，他们穿上冰鞋，把火炮支在雪橇上，沿着封冻的河面风驰电掣，一日就滑行了七百多里，当火炮轰到敌军部队时，敌人乱作一团，以为神兵自天而降。

满族入关之后，便将冰嬉这一活动一并带入关内，并逐渐由一种军事训练发展成为举国上下都十分喜欢的娱乐活动。《日下旧闻考》中说："（太液池）冬月则陈冰嬉，习劳行赏，以简武事而修国俗云。"太液池就是现在北京的北海公园。按照清代的规定，每年冬天都要在这里检阅八旗溜冰，时称"春耕耤以劳农，冬冰嬉而阅伍"。自乾隆皇帝将冰嬉正式列入国家制度以后，接下来的嘉庆、道光、咸丰三朝，冰嬉都是万人同赏的大型社会活动。

清代北京民间的冰嬉活动也很盛行，开展得最为广泛的应该是速度滑冰，清代满族诗人曾绘声绘色地描写过速度滑冰的形态：

朔风卷地河水凝，新冰一片如砥平。
何人冒寒作冰戏，炼铁贯韦当行滕。
铁若剑脊冰若镜，以履踏剑摩镜行。
其直如矢矢逊疾，剑脊镜面刮有声。
左足未住右足进，指前踵后相送迎。
有时故意作欹侧，凌虚取势斜燕轻。
飘然而行陡然止，操纵自我随纵横。

——［清］爱新觉罗·宝廷《冰嬉》

那时不仅有速度滑冰，还有花样滑冰，每一种花样滑冰的姿势都有一个动听的名称，比如"金鸡独立""哪吒探海"等。清朝乾隆年间，张为邦和姚文瀚所作的《冰嬉图》即描绘了花样滑冰的表演，场面壮观。

冰面上还有一项非常有趣的活动，或说是旧时的交通工具——拉冰床，俗称"冰排子"，形状如床，可在冰上行驶。清代潘荣陛《帝京岁时纪胜》十一月"冰床"条云:"太液池之五龙亭前，中海之水云榭前，寒冬冰冻，以木作床，下镶钢条，一人在前引绳，可坐三四人，行冰如飞，名曰拖床。"据说，慈禧非常喜欢玩"拉冰床"的游戏，她坐在专门制作的轿中，太监和宫女拉着轿子在冰面上跑。辛亥革命前后，北京护城河水流量不足，冰床锐减乃至绝迹。后来，一些旅游景点将其再次开发出来，用于开展冰上游乐活动。在北京读书时，我常常踱步到后海，冬天时有很多人会在那里滑冰、坐冰床，玩得不亦乐乎，虽然没有尝试过，但是，看到古老的游戏直到今天还能给人们带来欢乐，我也会心生感慨：有时候，古人的生活离我们并不遥远。

当时民间也很盛行冰球运动，据《帝京岁时纪胜》一书所载:"金海冰上作蹙鞠之戏，每队数十人，各有统领，分位而立，以革为球，掷于空中，俟其将坠，群起而争之，以得者为胜。或此队之人将得，则彼队之人蹴之令远，欢腾驰逐，以便捷勇敢为能。"蹙鞠，即为蹴鞠，是将滑冰与蹴鞠相结合的竞技活动，也被称为"冰上蹴鞠"。参赛者一般分为两队，御前侍卫把一个球踢向两队中间，众人开始争抢，抢到球者再把球抛给自己的队友，抢球时可以手脚并用，既可以用手掷也可以用脚踢：

> 青靴窄窄虎牙缠，豹脊双分小队圆。
> 整结一齐偷着眼，彩团飞下白云边。
>
> ——［清］曹寅《冰上打球》

除此之外，与冰上蹴鞠名字类似而玩法完全不同的是冰蹴球，大概出自清乾隆年间一种叫作"踢盖火"的游戏。"盖火"，即古代盖在炉口用来封住火焰的铁器，在娱乐设施并不发达的时间里也曾被当作玩具使用。冰蹴球的玩法大概与现在的冰壶运动相似，只不过是用脚踢而不是用手投掷。在一块长方形场地上，两端为双方队伍的发球区，中间圆圈是得分区，场地两边还画有蓝色的发球限制线，发球最远不能越过对面的限制线。比赛时，双方将球发向场地圆心，同时通过撞击和阻挡的方式，来达到让本方球占领圆心的目的。

我非常喜欢冰壶这样的竞技运动，温文尔雅中带些惊险刺激的感觉，团队作战中又有些个人竞技的味道，需要技巧，更需要智慧。冰雪封天的日子里，如果不能去更远的地方亲身体验刺激的冰上活动，我可能会选择窝在家里，沏上杯茶，看上几场冰壶比赛，也不失为一个不错的选择。

大雪初五日，初候鹖鴠不鸣。鹖鴠，便是“寒号鸟”，这鸟儿因为冬至日近，感知到了阳生气暖，所以不再鸣叫。

大雪又五日，二候虎始交。虎，与鹖鴠一样，大寒时节也感知到了阳气，开始求偶交配。

大雪后五日，三候荔挺出。千里冰封、万里雪飘的严寒时节，纤细的小草感到一丝阳气的萌动，凌寒而生。

没有花香　没有树高

我是一棵无人知道的小草

从不寂寞　从不烦恼

你看我的伙伴遍及天涯海角

——摘自儿歌《小草》

感阴而生，感阳而死，在我们看不到的地方，生命便已如此神奇地走过一个又一个轮回。

大雪节气到了，天气愈发寒冷，喜欢白色世界的人们终于可以得偿所愿。即便是在天气逐渐变暖的今天，我们还是可以有很多选择，去看看雪景、溜溜冰，尽情享受自然给我们的馈赠。其实，我也想象不到大雪时节应该做些什么，因为总有怕冷愿意"猫冬"的人，也有更愿意让眼睛多看看世界的人，所以在这个仪式感较少存在的时间段落里，何不就由着自己的意愿，想做些什么就做些什么呢？

冬至

冬至大如年。

漫天飞雪的日子里，迎来了旧时冬季最重要的一段时光。

冬至之所以重要，因为它曾经代表着一年之始。冬至日，正是阳气开始萌生之时。《月令七十二候集解》载："十一月中，终藏之气，至此而极也。"此日阴极而阳始至。冬至这天，太阳几乎直射南回归线，此时北半球白昼最短，随后阳光直射位置逐渐向北移动，白昼慢慢变长，所以有俗语说"吃了冬至面，一天长一线"。

冬至之所以重要，还因为其很早就出现在人们的生活之中。冬至萌芽于殷商时期，是最早被确定的节气之一。西周时期，《尚书·尧典》中记载了帝尧时代的四时观象授时的工作，并以"日中""日永""宵中""日短"分别代表春分、夏至、秋分、冬至，同时测定了一个回归年的长度。而《吕氏春秋》《逸周书·时训解》《周髀算经》《淮南子·天文训》等文献都开始记录作为二十四节气的"冬至"。

历史上的冬至，曾经比年还重要。

冬至兆丰穰

民谚有曰"冬至天气晴，来年百果生"。冬至虽然万物萧条，却也是农耕生活的重要时间节点。

冬至时节，光照最短，由于天气的原因，冬至前后需要格外关注严寒气候有可能产生的危害。所以，民间自古就会用各种各样的方式占卜气候、禳灾祈福。

冬至这一节气起于天象与方位观测。《周礼·地官》有"以土圭之法测土深，正日景（影），以求地中"，土圭是旧时一种测日影长短的工具，殷商时期通过测量土圭显示的日影长短，确定了冬至和夏至，同时也求得不东、不西、不南、不北之地，即"地中"。地中是天地、四时、风雨、阴阳的交会之处，也就是宇宙间阴阳冲和的中心，自然也就成为国都所在地的最佳位置。

冬至观天象以预测未来也成为古时常态，其方法可谓多种多样：

冬至之日见云送迎从下向来，岁美人民和，不疾疫。无云送迎，德薄岁恶。故其云赤者旱，黑者水，白者为兵，黄者，有土功诸从日气送迎其征也。

——《太平御览》引《易纬·通卦验》

这是冬至利用云彩占岁的记载，意思是冬至日如果有云则来年一年和美，如果无云则一年危机，云是红色代表会干旱，黑色代表会有水患，白色代表会有战争，黄色代表会有地质灾害。

旧时，人们在冬至测候还有很多其他的办法：观风，"冬至西北风，来年干一春""冬至有风冷半冬"；观雨，"冬至阴天，来年春旱""冬至晴，年必雨""冬至出日头，过年冻死牛"；观雪，"冬至无雪刮大风，来年六月雨水多""冬至有雪来年旱"；观霜，"冬至没打霜，夏至干长江""冬至打霜来年旱"等等。瞧，这又是一个个环环相扣的自然关联圈。

古时还有葭灰占律。葭灰，也叫葭莩之灰；葭是指初生的芦苇；葭莩则是指芦苇秆内壁的薄膜；葭灰便是烧苇膜成灰，可以占卜气候：

候应黄钟动，吹出百葭灰。五云重压头上，潜蛰地中雷。莫道希声妙寂，嶰竹雄鸣合凤，九寸律初裁。欲识天心处，请问学颜回。

——摘自［宋］汪宗臣《水调歌头·冬至》

古人于冬至之日用葭莩之灰来占卜气候，依据的是古乐理论中的"十二律"。

"十二律"即古乐的十二调，是古代的定音方法，各律从低到高依次为：黄钟、大吕、太簇、夹钟、姑洗、中吕、蕤宾、林钟、夷则、南吕、无射、应钟。十二律与地支及月份对应关系：黄钟（子，十一月）、大吕（丑，十二月）、太簇（寅，正月）、夹钟（卯，二月）、姑洗（辰，三月）、中吕（巳，四月）、蕤宾（午，五月）、林钟（未，六月）、夷则（申，七月）、南吕（酉，八月）、无射（戌，九月）、应钟（亥，十月）。

古时，人们会在冬至前三日将长短不一的十二律管摆好，放入葭灰，用十二个律管对应十二个中气。古时以二十四节气配阴历十二月，阴历每月两气，月初的叫节令，月中以后的叫中气。比如，立春为正月节令，雨水为正月中气。当某个律管中葭灰扬起，意味着对应的中气来到。按照古人的经验，冬至日葭灰当从黄钟律管中飞出。

天气与乐器，这两种看起来没有明显关系的事物也能有着丝丝缕缕的联系，因为那时候人们的思维和观念都是以整体性为基准的，牵一发必然动全身，而不像现在是以碎片化的方式存在。比如，如今人的身体有恙，去医院看病，你总要自己先明白个大概，才知道要挂什么科室，否则，再遇上个不怎么负责任的医生，一趟一趟真的很遭罪。

"数九"是我国北方特别是黄河中下游地区更为适用的一种节气计算方法，从冬至这天开始算起，进入"数九"（也称"交九"），以后每九天为一个单位，过了九个"九"，刚好八十一天，即为"出九"，此时正好春暖花开。这个习俗基本是随着黄河流域农人们数着严冬腊月的日子过生活，慢慢等待来年开春进行耕作而盛行的：

一九二九不出手。三九四九冰上走。

五九六九沿河看柳。七九河开，八九燕来。
九九加一九，犁牛遍地走。

——民间歌谣

　　这段歌谣，幼时的我常常默诵，彼时还不知道数九的含义与确切的时间点，只是觉得朗朗上口。后来才知道，这是农人们对于自然的直观感受。除了犁牛之外，这首民间歌谣里的自然物候现象其实在城市里都能感受得到，所以，如今我们依然可以把这样的民谣传承给孩子们，让他们按照这样的规律去体会我辈生活世界里的冬天。

才经阳生后

冬至是阳气开始萌芽、回转的时候，也是顺应自然、激发人体阳气上升的最佳时节。《黄帝内经》曰："阳气者，若天与日，失其所，则折寿而不彰。"阳气的虚衰将会导致我们的身体出现健康问题。

"气始于冬至"，从冬季开始，生命活动由衰转盛、由静转动，此时顺时而动有助于保证旺盛的精力，达到延年益寿的目的。在天气寒冷、阳气伏藏的时节，人们的传统饮食基本都以温热为主，常见的有糯米、狗肉、大枣、桂圆、芝麻、韭菜、木耳等食物。

关于冬至的吃食，民间有"冬至饺子夏至面"的说法，史籍却更常见"冬至馄饨夏至面"的记述。宋代以来，我国民间已有在冬至之日吃

馄饨的饮食习俗。宋代陈元靓《岁时广记》中记载："京师人家，冬至多食馄饨，故有冬至馄饨年怀饦之说。"清代富察敦崇《燕京岁时记》中记载的京师民谚也是"冬至馄饨夏至面"。

对于冬至之日吃馄饨的原因，民间的口头讲述中有着各种各样的版本：

第一种说法认为，馄饨初为宋代祭祖的供品。馄饨是原始宗教中祖先崇拜在后世的演变。馄饨像鸡卵，鸡卵如混沌未开之象，人们于冬至之日吃馄饨乃是纪念远古混沌未开时，盘古氏开天辟地创造世界之功。"馄饨"二字，本是三点水旁，盖因做食物之名，又因祭祀祖先，也就由"混沌"改成食字旁的"馄饨"了。

第二种说法认为，冬至之日为道教的元始天尊诞辰。道教认为，元始天尊应世象征混沌未分、道气未显的第一大世纪，故民间有吃馄饨的习俗。《燕京岁时记》称："夫馄饨之形有如鸡卵，颇似天地混沌之象，故于冬至日食之。"实际上，"馄饨"与"混沌"谐音，故民间将馄饨引申为打破混沌，开辟天地之义。后世不再解释其原义，只流传所谓"冬至馄饨夏至面"的谚语，把它当成一种节令食物而已。

第三种说法认为，汉朝时北方匈奴经常骚扰

边疆，百姓不得安宁。当时匈奴部落中有浑氏和屯氏两个首领，十分凶残。百姓对他们恨之入骨，于是将肉馅包成角儿，取"浑"与"屯"之音，称作"馄饨"。食之以求平息战乱，能过上太平日子。因最初制成馄饨是在冬至这一天，所以在冬至这天便有了家家户户吃馄饨的习俗。

还有一种说法认为，江南冬至吃馄饨与西施有关。春秋战国时期，吴王夫差打败越国同时得到绝代美女西施后得意忘形，终日沉湎酒色、不问国事。有一年的冬至，吃腻山珍海味的吴王没有食欲，西施便做出一种新式点心献给吴王。吴王一尝，鲜美至极，便问道："这是何点心？"西施暗想这昏君成天浑浑噩噩，便随口应道："馄饨。"从此，这种点心便以"馄饨"为名流入吴越人家。为了纪念西施，后人还把它定为冬至时令食物。

不知道在其他地方，馄饨和水饺的区别是什么，在我生活的地方大抵便是食物本身不同的形状和有没有汤水了。其实，江浙一带冬至应节的食品更多的是汤圆，冬至吃的汤圆也被称为"冬至团"或"冬至圆"，用糯米粉做成。据《清嘉录》载："有馅而大者为粉团，冬至夜祭先品也；无馅而小者为粉圆，冬至朝供神品也。"冬至的汤圆一般会分为粉团和粉圆两种，有馅儿的、大一点儿的是粉团，多用于晚上；没馅儿的、小一点儿的是粉圆，多用于早上。

慌将干湿料残年，冬夜亦开分岁筵。

大小团圆两番供，殷雷初听磨声旋。

俗有"干净冬至邋遢年，邋遢冬至干净年"之说。冬至前夕，祭先竣事，长幼聚饮，略比分岁。有馅而大者为粉团，冬至夜祭先品也。无馅而小者为粉圆，冬至朝供神品也。

——摘自［清］蔡云《吴歈百绝》

而在闽南地区，这种"冬至团"又被称作"冬节丸"。冬至前夕，家家户户要"搓丸"。冬至早晨，先以甜丸汤敬奉祖先，然后全家再以甜丸汤为早餐。福建泉州人吃丸，称元宵丸为"头丸（圆）"，冬至节为"尾丸（圆）"，这样头尾都圆，意味着全家人整年从头到尾一切圆满，有的人家还于餐后留下几粒丸，粘于门窗、桌柜、牛舍、猪圈、水井等处，祈求诸神保佑居家平安。

江南水乡还有冬至之夜全家吃赤豆糯米饭的习俗，也称吃"冬至粥"。民间传说，这个习俗与水神共工的儿子有关，据说，共工的儿子生前作恶多端，死于冬至这一天，变成疫鬼，但是最怕赤豆，所以人们就在冬至这一天吃赤豆饭，用以驱避疫鬼。

当然，在现在的生活当中，尤其是北方地区的冬至节俗中，相比于馄饨，饺子占据着更为重要的地位。

冬至吃饺子，是我国北方地区的传统习俗，俗语曰"冬至不端饺子碗，冻掉耳朵没人管"。有学者考证，其实明清史籍中并未发现"冬至饺子夏至面"的记载，所以认为"冬至吃饺子"是清末乃至民国时期才有的冬至习俗。

相传，冬至吃饺子的习俗与医圣张仲景有关。张仲景在隆冬时节专门舍药为穷人治耳朵的冻伤，他把羊肉、辣椒和祛寒的药材放在锅里，熬到火候时再把羊肉和药材捞出来切碎，用面皮包成耳朵样子的"娇耳"下锅煮熟，分给患病的穷人，这药就叫"祛寒娇耳汤"。人们吃后，顿觉全身温暖，两耳发热。从冬至起，张仲景天天舍药，一直舍到大年三十。乡亲们的耳朵都被他治好了，欢欢喜喜地过了个好年。从此以后，每到冬至，人们也模仿着做娇耳这样的食物，为了跟药方区别，就改称饺耳，后来人们就叫饺子了。天长日久便形成了习俗，每到冬至这天，北方几乎家家都吃饺子。

我不是一个爱吃饺子的人，可我的父母却

是"嗜饺子如命"的人。自我记事起，我家大概每周都会吃饺子，尤其是母亲退休之后，闲来无事就包水饺。父亲爱吃韭菜猪肉馅儿的饺子，而且肉一定要是切成块状的，母亲则爱吃三鲜馅儿的，即韭菜鸡蛋虾仁，所以我家包饺子也堪比一项工程，因为至少要调两种馅儿。开始学习做饭的时候，我最先学会的也是和面、调馅儿、擀皮这样包水饺的流水作业任务。虽然吃水饺是一项冬至乃至于过年的必备习俗，可是一件很有仪式感的事情如果变成了日常行为，它的意义或是价值便会受到挑战，比如我们家的饺子。无论是冬至还是过年，我大致也就是吃几个意思一下，真的没有特殊的感觉。再看平时生活中，父母对于饺子的"痴迷"程度，真是和他们形成了太为鲜明的对比。

冬至时节，粤地有吃鱼生的习俗。鱼生，古人称之为"脍"或"鲙"，其实也就是生鱼片：

雪花从不洒仙城，冬至阳回日日晴。

萝卜正佳篱菊放，晶盘五色进鱼生。

冬至日，以鱼脍杂萝卜、菊花、姜、桂啖之，曰食鱼生。

——摘自［清］倪鸿《广州竹枝词》

粤地嗜食鱼生，其实也就是生鱼片，我们的祖先食鱼生的时间大约可以上溯到先秦。冬至吃鱼生，当源自人们对于阴阳转换的认识，即此时阴极而阳始至，所以明末清初屈大均在《广东新语》中说："凡有鳞之鱼，喜游水上，阳类也。冬至一阳生，生食之所以助阳也。"与此同理的还有冬至吃羊汤的习俗。羊肉味甘、性温，暖中祛寒，温补气血，所以冬天很适合吃羊肉。在山东滕州，冬至这天被称作伏九，家家都要喝羊肉汤，晚辈还要给长辈送诸如羊肉等礼品。

冬至的吃食众多，在这一天，我们可以入乡随俗，也可以别出心裁，无论吃什么，我们所期许的，无非是在冰雪之中，吃些热乎的东西暖暖身子，抵御一冬的寒气而已。

花事并寒冬

节气逢冬至，也到了人们日常生活里最为闲适与自在的时候，大家三五成群、把酒言欢，再有些美妙罕见的景色于眼前呈现，实乃赏心乐事。

寒冬时节，赏花自然是鲜见之事。一般来说，旧时一年四季的花期从寒冬蜡梅开始，但是后来随着农业技术的进步，花农往往可以利用窖藏技术使花提前开放，即在温室培植鲜花。

宋人所著的《齐东野语》中说："凡花之早放者，名曰堂（或作塘）花，其法以纸饰密室，凿地作坎，缠竹置花其上，粪土以牛溲硫黄，尽培溉之法。然后置沸汤于坎中，少候，汤气熏蒸，则扇之以微风，盎然盛春融淑之气，经宿则花放矣。""堂花"又名"唐花"，出自"煻（即用火烘）花"，也就是植于密室里用加温的方法使其早开的鲜花。明代张萱《疑耀》中对于京师以地窖养花习俗有着较为具体的记述：

> 今京师入冬，以地窖养花，其法自汉已有之。汉世大官园，冬种葱韭菜茹，覆以屋庑，昼夜燃煴火，得温气，诸菜皆生。召信臣为少府，谓此皆不时之物，有伤于人，不宜以奉供养，奏罢之。但此法以养菜蔬，未尝养花木也。今内家十月即进牡丹，亦是此法。计其所费工耗，每一枝至数十金。然在汉止言覆以屋庑而已，今法皆掘坑堑以窖之。盖入冬土中气暖，其所养花木，借土气火气俱半也。

由此看来，古时先以温室种植蔬菜，以备寒冬之需，后又因生活审美的需要，开始种植花木，这便是人们常常叨叨的"物质需要"与"精神需要"的递进关系。吃饱了，就开始追求更好的生活享受，这是自然而然的事情。

鲜花实在不得，可以付诸纸笔，顺便计算一下时间，这便有了消寒图。消寒图是以图画或文字的形式标示由冬向春的转换过程的"古代日历"，主要为闺阁女子、文人雅士所习用。染梅与填字是描画消寒图的两种流行方式。

染梅是对一枝有八十一片花瓣的素梅逐次涂染，每天染一瓣，染完所有花瓣便出九的消寒习俗。这种梅花消寒图最早见于元代：

试数窗间九九图，余寒消尽暖回初。

梅花点遍无余白，看到今朝是杏林。

冬至后，贴梅花一枝于窗间，佳人晓妆，日以胭脂涂一圈。八十一圈既足，变作杏花，即暖回矣。

——［元］杨允孚《滦京杂咏》

这种图画版的九九消寒图又被称作"雅图"，刘侗、于奕正在《帝京景物略》中写道："日冬至，画素梅一枝，为瓣八十有一，日染一瓣，瓣尽而九九出，则春深矣，曰九九消寒图。"还有与染梅类似的另一种涂圈方式：将一张宣纸等分为九格，每格墨印九个圆圈，从冬至日起每天填充一个圆圈，填充的方法根据天气决定，填充规则通常为：上涂阴下涂晴，左风右雨雪当中，即阴天涂圈上半部，晴天涂下半部，刮风涂左半部，下雨涂右半部，下雪就涂在中间。

更加追求内容的文人们会填字，具体来说是对九笔画且笔画中空的九个字进行涂描，这九个字多组成诗句，从冬至日起，每天描画一笔，九天成一字，九九则诗句成，数九也完毕。

宣宗御制词，有"亭前垂柳，珍重待春风"（注：均为繁体字）二句，句各九言，言各九画，其后双钩之，装潢成幅，曰九九消寒图，题"管城春色"四字于其端。南书房翰林日以"阴晴风雪"注之，自冬至始，日填一画，凡八十一日而毕事。

——［清］徐珂《清稗类钞·时令类》

在阳气上升的时节，人们涂染凌霜傲寒的梅花或是描摹召唤春意的垂柳，都表达着对于来年春天的盼望之情。因为画九、写九大抵和灯谜、酒令、对联等有着异曲同工之妙，都是较为高雅的娱乐方式，所以后来便自然而然地成为文人墨客、闺阁女眷的冬日消遣之举。

某一年的冬末，我买了一本以二十四节气为主题的日记本，里面附送了一张水墨的染梅底图，以及毛笔和朱砂，从初九开始一天一笔涂上去，顺带把这一天的日记写好，突然觉得即便是不外出，自己也和自然的距离拉近了很多。如果你有兴趣，也可以如我一般，写写涂涂些什么，你会发现冬天的日子会因此有一些不同。

入冬后天寒地冻、万里冰封，此时闲暇的时光颇多，于是古时，从冬至开始，贵族豪富、文人雅士们每逢"九"日便有一聚，或围炉宴饮，或鉴赏古玩，或分韵赋诗，谓之"消寒会"。

据考证，"消寒会"约始于唐末，也称"暖冬会"，据五代《开元天宝遗事》所记，唐时长安有名豪富，每当雪天寒冷之时，便会叫仆人在自家的街道口的雪地上扫出一条小路，自己站在路口前，拱手行礼迎接宾客，为客人准备菜肴宴饮寻乐，称为"暖寒之会"。

清代，消寒会成为冬至之后文人雅士的重要活动，内容十分丰富。据《燕京杂记》载："冬月，士大夫约同人围炉饮酒，迭为宾主，谓之消寒社。好事者联以九人，定以九日，取九九消寒之义。"更有甚者，以九盘九碗为餐，饮酒时亦必以"九"或与"九"相关之事物为酒令：

冬则唐花尤盛。每当毡帘窣地，兽炭炽炉，暖室如春，浓香四溢，招三五良朋，作"消寒会"。煮卫河银鱼，烧膳房鹿尾，佐以涌金楼之佳酿，南烹北炙，杂然前陈，战拇飞花，觥筹交错，致足乐也。

——摘自［清］方濬颐《梦园丛说》

冬日赏花、吃肉、饮酒、作乐，算是那个较为闭塞的时代里人们几近疯狂的举动了，其中蕴含的多是对于过去的追忆和对于未来的向往，也表明了人们在节气转换时段里的忐忑。所以，我常想，也许我们也可以效仿旧时人们的做法，来个现代版"消寒会"，于冬至之日邀上三五好友，围炉宴饮，彼此讲讲生活或是工作中的趣事抑或是烦心事，让所有情绪随着寒气的消散而逐渐升温。

人事日相催

　　冬至之日，正是人们传统观念里的阴阳交割之时，许多人会在这一天默默许下心愿，祈求自己和家人、朋友可以顺利度过生命的转折之时。

　　冬至祭孔与拜师是我国自古以来尊师重道传统的集中表现。明嘉靖年间的《南宫县志》载曰："冬至，释菜先师，如八月二十七日礼。奠献毕，弟子拜先生，窗友交拜。"

　　"释菜"亦作"释采"，是古代入学时祭祀先圣先师的一种仪式。《礼记·月令》载："上丁，命乐正习舞，释菜。"郑玄注："将舞，必释菜於先师以礼之。"关于释菜礼，民间有一个有趣的传说：相传春秋时，孔子周游列国时被困于陈蔡之间，只能靠煮灰菜为食。尽管如此，弟子颜渊仍坚持每天从野外采摘野菜，回来在老师门口行礼致敬，以表示自己从师学艺的决心。颜渊的举动得到了后人的崇敬，人们在祭祀孔子的时候也对他行祭奠礼，既是对颜渊尊师的赞颂，也是对刚入学的学生进行一次尊师教育。

孔子，这位集很多身份于一体的"至圣"对后世影响之大，应该连他本人也想不到。我母校的校园内有一尊孔子像，像前常年有成束的鲜花摆放着，不知来自何处。而我出生的鲁地，更是儒家文化集大成的地方，身边有着很多以仁义礼智信为人生信条的学者。因为一个遥不可及的人，而组成了一个广不可测的圈子，这件事情本身就很是奇妙。如果你对这位圣人有着更多的感情，不妨冬至之日拜祭一下，表达尊崇的同时也为自己的时间增添了新的文化砝码。

冬至时节，民间还有向长辈赠送鞋袜的习俗，人们多认为这一习俗肇始于曹植的《冬至献袜履表》，即三国时期曹植在冬至日向他的"父王"曹操献鞋袜时所上的表章。其文曰：

伏见旧仪，国家冬至，献履贡袜，所以迎福践长，先臣或为之颂。臣既玩其嘉藻，愿述朝庆。千载昌期，一阳嘉节。四方交泰，万物昭苏。亚岁迎祥，履长纳庆。不胜感节，情系帷幄。拜表奉贺，并献白纹履七量，袜若干副。茅茨之陋，不足以入金门、登玉台也。上表以闻，谨献。

——摘自［三国］曹植《冬至献袜履颂并表》

由此可知，曹植认为冬至献袜履乃前承古事，顺应天时兼表达为儿为臣的孝心和忠心之举。儿子盼望父亲穿上自己所献鞋袜，福气绵长。其实，据文献记载，冬至给长辈送鞋袜的习俗至少在汉代便已流行起来，《中华古今注》有曰："汉有绣鸳鸯履，昭帝令冬至日上舅姑（即公公婆婆）。"自此以后，冬至向老人"献袜履"开始流行起来，很多古籍都有记载。北魏崔浩在《司仪》中曾解释，近古妇女常以冬至日进履袜给公婆；北朝人不穿履，当进靴。无论靴履，都在于其"践长"的象征意义。靴上的文词有"履端践长，阳从下迁，利见大人，向兹永年"等，正体现着其"祈永年，除凶殃"的内心愿望。浙江《临安岁时记》也载："冬至俗称'亚岁'，……妇女献鞋袜于尊长，盖古人履长之意也。"明张居正《贺冬至表五》有云："对时陈献履之衷，叩阙致呼嵩之祝。"如今，山东曲阜的妇女还会在冬至日前做好布鞋，冬至日赠送舅姑。

冬至之后，虽然日照逐渐增多，但却仍旧寒冷，在一阳新生、白昼渐长的时节，后辈应时给老人奉上新鞋、新袜，一方面是帮助老人度过严寒，更重要的是通过这样的献履仪式，希望长辈们能够在新岁之始，以新的步履顺时而进、健康长寿。

殷勤报岁功

古时，冬至月曾在较长时期内作为岁末之月或岁首之月，后被称为"亚岁"。

"亚岁"之说至迟起于唐代，有《冬至日》中的诗句为证："亚岁崇佳宴，华轩照绿波。"而正因为冬至有"亚岁"之说，所以平常人家就以冬至前之夜称为"冬除"：

有几人家挂喜神，匆匆拜节趁清晨。

冬肥年瘦生分别，尚袭姬家建子春。

冬朝亦挂先世遗像，如岁朝故事，今几废。冬至名亚岁。旧有肥冬瘦年之说。

——摘自［清］蔡云《吴歈百绝》

清代江南地区依然极重视冬至前一日，称之

为"除夜"，而之前所说的冬至这一天吃冬至团，吃了就长一岁，谓之"添岁"。因此，贺冬犹如贺年。冬至前夕，亲友之间一般会相互祝贺或是馈送节令食品，称为"贺冬"。正如《豹隐纪谈》所说："吴门风俗多重至节，谓曰'肥冬瘦年'，互送节物。"也有诗曰：

> 至节家家讲物仪，迎来送去费心机。
> 脚钱尽处浑闲事，原物多时却再归。
>
> ——［宋］颜度《冬至》

这首小诗描述了宋时冬至节的有趣现象：礼物送来送去，最后收到的却是自己先前送给别人的礼物。清朝吴地还传袭着这一习俗，如《清嘉录》说："郡人最重冬至节，先日，亲朋各以食物相馈送，提筐担盒，充斥道路。"这种筐或是盒，被民间称为"冬至盘"。礼尚往来，绝不是说说而已。

古时，人们对于冬至常常怀着敬畏之心，《周易》曰："先王以至日闭关，商旅不行，后不省方。"冬至是闭关的时候，《后汉书》也记载："冬至前后，君子安身静体，百官绝事，不听政，择吉辰而后省事。"直到唐代，冬季还是一个应该放长假的岁时节日，《唐六典》有曰："内外官吏则

冬 至 081

有假宁之节，谓元正、冬至各给假七日。"也就是说，此时冬至的节假时间与春节一样，都是七天长假。明代，太祖朱元璋在位时，百废待举、政务繁忙，便规定一年只有春节、万寿节（皇帝的生日）和冬至放假。此外，与明朝保持宗藩关系的朝鲜也定期派使臣来过冬至节，被称为冬至使，一直沿袭至清代。

无论宫廷还是民间，冬至都不仅仅是一个节气这么简单，也就难怪民间会有"冬至大如年"的说法了。从古代民间信仰来看，冬至时分，农事终结，万物俱寂，阴阳交割，春日待启，大自然的一切都处于由死转生的微妙节点之上，人类应小心谨慎地度过。所以，我国传统社会在冬至这天还有祭天习俗。《周礼·大司乐》："冬日至，于地上之圜丘奏之。"《易经》说卦曰："乾为天，为圜。"由上可知，周代祭天的正祭于每年冬至之日在国都南郊圜丘举行。

祀帝圜丘，九州献力。礼行于郊，百神受职。
灵祇格思，享我明德。天鉴孔昭，元祉昭锡。
——［宋］杨亿《皇帝饮福酒奏禧安之曲》

圜，即圆，古人认为天圆地方，圆形正是

天的形象，而圜丘就是一座圆形的祭坛。圜丘祀天，方丘祭地，两者都在郊外，所以称为"郊祀"。《宋史·礼志》云："冬至圜丘祭昊天上帝。"当时，祭祀"昊天上帝"被视为重要岁时仪式之一，祭天的时间自唐代开始便规定在冬至这一天。此后宋至明初有一段时间合祀天地，直到明嘉靖九年（1530年）的更定祀典又重新分祀，并沿袭至清末。作为古代郊祀最主要的形式之一，冬至祭天的礼仪极其隆重与繁复。清光绪三十四年（1908年）冬至，中国历史上严格意义的最后一次祀天之礼举行。祭天之后不久，清德宗载湉"崩逝"。1914年冬至，袁世凯也曾在北京天坛举行过所谓的祀天典礼。

礼莫重于祭，祭莫大于天。冬至祭天表达了为天下苍生祈求风调雨顺的愿望，也体现了对天和自然的尊崇敬畏之情。如今，剥去信仰内核的祭天依然在表演着，让我们知道曾经存在过怎样的仪式。

冬至初五日，初候蚯蚓结。传说，蚯蚓是阴曲阳伸的动物，冬至时节，阳气虽已生长，但阴气仍然十分强盛，蚯蚓仍然蜷缩着身体，躲在土里过冬。

冬至又五日，二候麋鹿解。麋与鹿同科，但是古人认为鹿是山兽，所以为阳；麋是水泽之兽且角朝后生，所以为阴。冬至一阳生，麋感阴气渐退而解角。

冬至后五日，三候水泉动。冬至后阳气初生，山中的泉水感知后便开始流动，大自然仿佛有了丝丝生机，藏匿于山石之间，不显见，却有着自己的生命轨迹。

如今的冬至已没有了旧时的风光，大概吃顿水饺便可以安然度过了。若是略想风雅些，消寒图必不可少，从数九开始，每日涂上一笔，既简单，又有仪式感，只是不知道如今还有多少人的家中有笔墨这些东西。

冬至里的时光，虽然冰冷，但不失为一个与亲友小聚的契机。置办些御寒衣物送予长者算是"献袜履"，买上些小食之类送给亲友算作献"冬至盘"，又或者约上三五好友围炉小酌，也算是"消寒会"了。在历史已然向前发展的今天，有些习俗可能无法与现代社会相融合，但是很多习俗内核可以生发的土壤还在，只消稍微重视一下便能重新焕发光彩。虽然快餐化的生活方式让我们的记忆越来越碎片化，但是总有情结与情怀，在物质需求基本满足的情况下，更加被渴求。

小
寒

过完大如年的冬至，便来到了冷在三九的小寒天。

小寒的到来，标志着一年中最寒冷的日子即将到来。《月令七十二候集解》中记载："十二月节，月初寒尚小，故云。月半则大矣。"意思是天气已经很冷，但是尚未冷到极点，因此称为"小寒"。

"小寒"一过，就进入"三九四九冰上走"的"三九天"了。小寒，意味着季冬寒近极致，也意味着这一年快要走到终点。

小寒花信风

小寒时节，阴冷干燥，是一年中最寒冷的时期。

在我生活的北方，大部分地区都在"歇冬"，即便如此，农人们依然不忘预测来春的天气，这一点可从散落在民间的谚语与俗语窥见一二。小寒的节气谚语多与来年的天气变化和农事活动有关。比如，"小寒暖，立春雪"，小寒天气晴暖，预示来年立春前后有雪，雨水增多；"小寒寒，惊蛰暖"，小寒天气寒冷，来年春天就暖和；"小寒蒙蒙雨，雨水还冻秧"，小寒有雨，来年会冷；"小寒无雨，小暑必旱"，小寒无雨，夏季则旱；"腊月三白，适宜麦菜"，小寒前后下雪，适宜小麦、油菜等春作物来年生长。

小寒时节，即将开始出现一个应候而又美丽

的节律现象，人们称之为"二十四番花信风"。

　　花信风，即应花期而至的风，是自然物候里很重要的一个节律现象。每年冬去春来，从小寒到谷雨的八个节气里共有二十四候，每一候都有一种花卉绽蕾开放，于是便有了"二十四番花信风"之说。北宋后期以来，关于"二十四番花信风"相对明确的说法开始出现并流行起来。今所见完整的"二十四番花信风"名目始见于明初王逵《蠡海集》，后世有关"二十四番花信风"的整套说法都出于此：

　　二十四番花信风者，盖自冬至后三候为小寒，十二月之节气，月建于丑。地之气辟于丑，天之气会于子，日月之运同在玄枵，而临黄钟之位。黄钟为万物之祖，是故十一月天气运于丑，地气临于子，阳律而施于上，古之人所以为造历之端。十二月天气运于子，地气临于丑，阴吕而应于下，古之人所以为候气之端，是以有二十四番花信风之语也。五行始于木，四时始于春，木之发荣于春，必于水土，水土之交在于丑，随地辟而肇见焉，昭矣。析而言之，一月二气六候，自小寒至谷雨，凡四月八气二十四候。每候五日，以一花之风信应之，世所异言，曰始于梅花，终于楝花也。

　　从梅花开始，到楝花结束，二十四种花应时而开，给人们的生活带来美的享受：

　　　　　　　　二十四番花信风

　　小寒：一候梅花、二候山茶、三候水仙；

　　大寒：一候瑞香、二候兰花、三候山矾；

　　立春：一候迎春、二候樱桃、三候望春；

　　雨水：一候菜花、二候杏花、三候李花；

　　惊蛰：一候桃花、二候棣棠、三候蔷薇；

　　春分：一候海棠、二候梨花、三候木兰；

　　清明：一候桐花、二候麦花、三候柳花；

　　谷雨：一候牡丹、二候荼蘼、三候楝花。

　　这二十四种花，有可供欣赏的花，也有为结果实而开的花，有大枝，也有小朵，将自然中常见花卉笼络在一起，并按照时序排列出来，给赏花、爱花之人一个可以遵照的时间表，每逢某个节气，我们就可以按照这样的时间表，到自然中去观赏一番，莫不惬意。说实话，到如今为止，我也没有见全这二十四种花，甚至不能够确切辨别其中有些花的样子，好在科技的发展也带来了

便利，如今的智能手机里有了各种各样的识花软件，于是，当我在田野中困惑于某一种花的名字或样子时，轻轻用手机一扫便可以知道个大概。只不过，一旦我再不接触这样的花便又忘记了名字。我爱花，但却没有采花插瓶的习惯，一是觉得它应该属于它本来生活的环境，硬性地分离实在不是喜爱它的表达方式；二是觉得有些美丽，眼睛看过就好，未必非要占有，它已经丰富了我的眼睛，没有必要装饰我的门庭。

冰雪作生涯

　　小寒时节冰渐厚实，古代这个时候人们开始凿冰、藏冰，留待酷暑之用。据《周礼》记载，周王室为保证夏天有冰块使用，专门成立了相应的管理机构——冰政，负责人被称为"凌人"，《诗经》中也有"二之日凿冰冲冲，三之日纳与凌阴"的记载，这里所写就是奴隶们在最冷的季节里凿冰、藏冰的事。最初的时候，凿冰与藏冰耗费巨大，一般要经过开采、运输、保存等几个阶段，非一般人家所能承受。所以除少数极富之家，藏冰多为皇家或官府经营。

　　唐代藏冰还有盛大庄重的祭祀仪式，即在太庙祭祀司寒之神。而皇家的藏冰，除了自用外，也会在三伏天的时候赐给大臣，算是官府礼节中极高的待遇，史称"赐冰"。很多文臣对此深感荣耀，留下了歌咏诗作：

> 九天含露未销铄，阊阖初开赐贵人。
> 碎如坠琼方截璐，粉壁生寒象筵布。
> 玉壶纨扇亦玲珑，座有丽人色俱素。
> 咫尺炎凉变四时，出门焦灼君讵知。
> 肥羊甘醴心闷闷，饮此莹然何所思。
> 当念阑干凿者苦，腊月深井汗如雨。
>
> ——［唐］韦应物《夏冰歌》

　　南宋时，暑月朝会，皇帝都要赐冰以示恩惠。元代也有赐冰之事，萨都剌《上京杂咏》诗云："上京六月凉如水，酒渴天厨更赐冰。"清代，朝廷会印发冰票给各官署，由工部负责，按数领取，但一般小官是享受不到这种待遇的。

　　北京市西城区东北部现有冰窖口胡同，便是因为那里原有清代内宫监冰窖而得名。据说，冰窖口胡同的冰厂至二十世纪六十年代初还在使用，而现在那里已是高楼林立。印象之中，读到过一篇怀念冰窖口胡同的文章，作者写了半夜运送冰块的汽车轰隆作响，写了冰窖厂院里伏地一层白白的水雾，写了溜进冰窖院里捡碎冰的小伙伴们，也写了他始终没能实现的、想看看冰窖里面到底有多大的愿望。只是如今那个曾经即使夏天也寒气逼人的冰窖已经变成了一汪湖水，再也凿不了冰……

大约到了宋代，私人经营性质的藏冰开始出现。《梦粱录》记载茶肆于"暑天添卖雪泡梅花酒"，《西湖老人繁胜录》也载"富家散暑药冰水"，这些文字记载都可以证明宋代已有私人藏冰并用于经销冷饮。南宋诗人杨万里《荔枝歌》有云："北人冰雪作生涯，冰雪一窖活一家。"从诗中可以推测，当时藏冰并于酷暑时售卖的收入相当丰厚。到了清代，商业藏冰有了更大的发展，甚至出现了专门经营的"冰户"。据记载，清乾隆年间，天津冰窖业极为发达，因为天津地处九河下梢，海河、南运河、北运河等都从城内穿过，是冰窖业发展的优势所在。兴盛起来的冰窖业使得北京城里的贮冰量大增。时至夏季，沿街叫卖冰块、冷饮者比比皆是，冰价也为之大跌。《燕京岁时记》载："京师暑伏以后，则寒贱之子担冰吆卖，曰冰胡儿。"《忆京都词》诗云："冰果登筵凉沁齿，三钱买得水晶山。"《草珠一串》诗亦云："儿童门外喊冰核，莲子桃仁酒正沽。"这些记载都说明由于冰窖的经营，清代时北京城里夏季的用冰已大为普及，冰已成为平民百姓酷暑生活里不可缺少的部分。

　　空调普及了之后，即便是在全球变暖的情况下，人们对于冰块的需求也没有那么大了，更不要提人工制冰的出现方便了多少爱冰的人。这样也好，自然结成的冰在现实的状况下恐怕也不再如以前那般洁净了。

新来气象兴

小寒的时间段落里，有一个时间节点很是有趣，那就是元旦，一个具有双重意蕴的节日。

在我国的历史上，元旦的日期曾经一变再变。夏之元旦为正月初一，商之元旦为十二月初一，周之元旦为十一月初一，秦之元旦为十月初一，直到汉武帝重新把正月初一定为元旦，一直沿用至清末。在此后两千多年的时间里，元旦就是春节，春节也就是元旦。

腊尽寒犹厉，春来雪未干。

流年怜易失，为客敢求安。

故里屠苏酒，新年柏叶盘。

嗟哉老兄弟，谁与共清欢。

——［宋］何汝樵《元旦》

1912年1月1日，"中华民国"南京临时政府成立，临时大总统孙中山在第二天宣布："'中华民国'改用阳历，以黄帝纪元四千六百〇九年十一月十三日为'中华民国'元年元旦。"

1914年1月，袁世凯收到的呈文中写道："拟请定阴历元旦为春节，端午为夏节，中秋为秋节，冬至为冬节。凡我国民均得休息，在公人员亦准给假一日。"袁世凯批准了该呈文。由此，传统农历新年岁首在官方意义上正式被易名为"春节"，传统的元旦、新年名称被安置在公历1月1日的头上。然而，已经沿袭了数千年的历法不可能一下子就被推翻，于是就有了如下的对联：

男女平权，公说公有理，婆说婆有理；
阳阴合历，你过你的年，我过我的年。

这是民国时流传的一幅新年联，清楚地表明了民间的人们对于"元旦""新年"或是"春节"的看法。于是，在"过年"这件事情上，民间有着自己的做法。

1949年9月27日，中国人民政治协商会议第一届全体会议通过使用"公元纪年法"，将公历1月1日正式定名为元旦。从此开始，元旦和春节在人们的观念里的区别越来越明晰，元旦一般即公历新年的第一天，而春节指的是农历新年的第一天。后来，元旦这天，许多单位、社区都会在大门口挂起红灯笼，上面写着"元旦（或是新年）快乐"的字样。

这几年，又流行起一种元旦的庆祝方式——跨年，也就是从公历的12月31日的最后几分钟进行倒数，一直等到第二年的1月1日零点的活动。一般各大电视台都会有跨年晚会，很多城市还会在不同的地方举办跨年夜的活动。

小寒时节，又恰逢元旦，选一个向往的地方去跨年是一个不错的选择。比如，看一场维多利亚港的烟花表演，在烟火升腾的午夜，许下新年的愿望。又比如，到北京著名的酒吧街，和朋友一起，纵情歌舞，嗨翻新年夜。再比如，去看看重庆的洪崖洞、上海的外滩、广州的小蛮腰……夜景美的地方，都很适合跨年。如果实在没有空闲，或是寒冷的天气实在不愿意出门，窝在家里看看跨年晚会也是不错的选择，至少氛围在，仪式感也在。另外，零点时分，与家人互道一声"新年好"吧，对于不善表达的中国人来说，一句"新年好"就足以包含对家人的爱。

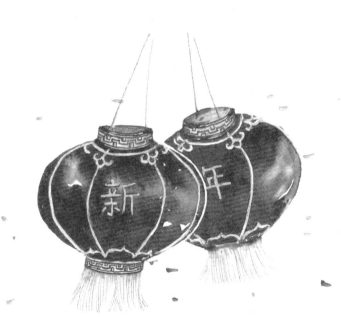

小寒初五日，初候雁北乡。大雁是顺阴阳而迁移，此时阳气已动，所以大雁开始向北迁移。

小寒又五日，二候鹊始巢。喜鹊在这个节气也感觉到阳气而开始筑巢。

小寒后五日，三候雉始雊。雉在接近四九时会感阳气的生长而鸣叫，野鸡也感到阳气的滋长而鸣叫。

冷的时候，反而是阳气滋生的时候，这便是时间和生命的轨迹。如今，生活节奏快得让人们仿佛忘了还有些规律需要遵循，有些事情还需要等待，总想着一蹴而就。

小寒一过，也就意味着冬天最冷的时候要来了，老是腻在暖和的被窝里也不是有意义的选择，那么，应该做些什么呢？不如泡上一杯热茶，煮上一锅热粥，给家里人添些温暖吧。当然，还要记得的是，新年和新春接踵而至，让烦恼和辛苦都结束在旧的一年吧，我们应该做些准备迎接下一年的生活了。

大寒

大寒来到，意味着人们休养生息的时光即将结束，万物复苏的春天不远了。

大寒是一年中极为寒冷的一段时间。《授时通考·天时》引《三礼义宗》载："大寒为中者，上形于小寒，故谓之大。十一月一阳爻初起，至此始彻，阴气出地方尽，寒气并在上，寒气之逆极，故谓大寒也。"大寒时节，大风、低温、积雪，一派天寒地冻的萧条景象里，松梅傲雪成为最美的自然景观。

大寒见三白

大寒期间，日出而作、日落而息的田间耕作虽然减少，农人们却依然奔忙于各种来年的准备工作中，以求开春有个好的开始。

在农人的期许中，大寒应该冷一些。民谚有"大寒见三白，农人衣食足"。"三白"指下几场大雪，严寒会冻杀很多害虫的幼虫与虫卵，与此同时积雪将会在来年化作水分，使得农作物丰收，农民丰衣足食。反之，如果腊月低温并不明显，则应提前做好灭虫、抗旱的准备："大寒不寒，人马不安。"

大寒忌晴、宜雪的说法在宋时就已出现：

常闻老农语，一腊见三白。

是为丰年候，占验胜蓍策。

——摘自［宋］欧阳修《喜雪示徐生》

农闲时节，做些准备工作也是非常必要的。冬天就要过去了，为了来年春种，人们也会做好土地耕种的准备工作。

古时，人们早已从生产实践中认识到土地连续耕种将会导致肥力减退，宋末农书《种艺必用》说："地久耕则耗。"要制止土地肥力下降，就必须施肥，以保持和增进土地肥力。早在南宋时期，杭州就已有专人收集和运送城市的人粪：

> 杭城户口繁多，街巷小民之家，多无坑厕，只用马桶，每日自有出粪人瀽去，谓之"倾脚头"。各有主顾，不敢侵夺。或有侵夺，粪主必与之争，甚者经府大讼，胜而后已。
>
> ——摘自〔宋〕吴自牧《梦粱录》

明清以来，冬季积肥工作受到了前所未有的重视，城市里不仅有挑粪担的，而且道旁都有粪坑，这种粪坑往往租给乡下富农，留作积肥之用。

大寒时节，岭南地区有捉田鼠的习俗。因为此时农作物已经基本收割完毕，平时看不到的田鼠窝开始显露出来，所以这个时节也成为岭南地区集中消灭田鼠的重要时间。而且，当地还有吃田鼠的饮食习惯，所以捉田鼠不仅仅是一项农忙活动，还成了人们打野味的好方式。

闽南的很多商家会在大寒时节举行"尾牙"，这是一种在祭祀土地神的基础上发展起来的商业习俗。"牙"即是闽南民间祭拜土地公的仪式，农历每月初二和十六，做生意的人都会准备一些祭品进行祭拜，祭拜后的菜肴可以给家人或伙计打打牙祭，因此也称"作牙"。农历的二月二日是头牙，十二月十六日便是尾牙。

早期，商家要解雇伙计或工人都利用"尾牙"这一顿饭来暗示。尾牙宴的主菜是白斩鸡，雇主如果想要解聘哪一位伙计，便会将鸡头相向，雇主如果不想解聘任何一位伙计，便会将鸡头朝向自己或将鸡头拿掉。于此，旧时有诗云："一年伙计酬杯酒，万户香烟谢土神。"上句是用宋太祖"杯酒释兵权"的典故说雇主要辞退伙计，下句说的是尾牙时节家家户户都在祭祀土地公。闽南地区也有俗谚道："食尾牙面忧忧，食头牙捻嘴须。"说的就是伙计吃头牙和吃尾牙的不同心情。发展到今天，一些企业也在年末某日举行聚餐晚会和员工联谊活动，称作"尾牙宴"，以感谢和表彰员工一年以来的辛勤工作。

凝寒迫清祀

　　"大寒"是农历腊月的节气，古人称农历十二月为腊月，进入腊月还要举行一个重要的"腊祭"活动。《说文解字》中解释"腊"字："腊，冬至后三戌，腊祭百神。"腊日，在汉代是与正旦齐名的盛大节日，汉人常"正腊"并称。

　　自先秦以来就有的岁末驱傩仪式在东汉仍旧隆重举行，并且以新的传说来说明岁末驱傩的必要：相传五帝之一的颛顼有三个儿子生下来不久就死了，他们死后化身为鬼，一居江水，为瘟鬼；一居若水，为魍魉；一居人宫室枢隅处，喜好惊吓小儿。颛顼在月令时代是主管冬季的天帝，汉时却演变为恶鬼之父，颛顼神格的变化表明了民众对天道信仰态度的变化，天界如人界有善有恶，人们亦可根据自己的力量来驱除、抑制邪恶。因此，蔡邕《独断》中载："故命方相氏黄金四目，蒙以熊皮，玄衣朱裳，执戈扬盾，常以岁竟十二月，从百隶及童儿而时傩，以索宫中，殴疫鬼也。"驱傩的仪式一般在腊日前一夜举行，将房屋内的疫鬼驱除后，在门上画上神荼、郁垒二神像，并在门户上悬挂捉鬼的苇索，以保平安。汉朝另一种防卫巫术，是岁暮腊日在住宅四隅埋上圆石及七枚桃弧，这样"则无鬼疫"。

汉武帝太初元年，汉朝改用《太初历》，以正月为岁首，年终的十二月则称为腊月，腊祭就在腊月某一日举行。《荆楚岁时记》中记载曰："十二月八日为腊日。谚语：'腊鼓鸣，春草生'。"说明至少在南朝梁时期，我国长江流域的荆楚地区已经以十二月八日为腊日。

腊八这天最普遍的习俗便是喝腊八粥，而腊八粥在我国已有一千多年的历史，最早开始于宋代。据《东京梦华录》记载："初八日，街巷中有僧尼三五人，作队念佛……诸大寺作浴佛会，并送七宝五味粥与门徒，谓之'腊八粥'。都人是日各家亦以果子杂料煮粥而食也。"《梦粱录》也说道："此月八日，寺院谓之'腊八'，大刹等寺，俱设五味粥，名曰'腊八粥'。"最早的时候，腊八粥是跟佛教联系在一起的。据说佛教创始人

释迦牟尼苦行多年，饿得骨瘦如柴时遇见一个牧女，这位女子送他乳糜食用。他吃了乳糜后端坐在菩提树下入定，并于十二月初八这一天得道。

　　佛教传入我国后，各地兴建寺院，煮粥敬佛的活动也随之盛行起来，尤其是到了腊月初八，各寺院都要诵经，并用香谷和果实等造粥供佛，名为"腊八粥"。由于粥来自佛门，因此腊八施粥便有行善的深意。

　　　腊月八日粥，传自梵王国。

　　　七宝美调和，五味香糁入。

　　　用以供伊蒲，藉之作功德。

　　　僧尼多好事，踵事增华饰。

　　　此风未汰除，歉岁尚沿袭。

　　　今晨或馈遗，啜之不能食。

　　　吾家住城南，饥民两寺集。

　　　男女叫号喧，老少街衢塞。

　　　失足命须臾，当风肤逆裂。

　　　怯者蒙面走，一路吞声泣。

　　　问尔泣何为，答言我无得。

　　　　　　　——摘自［清］李福《腊八粥》

　　我国民间也流传着属于自己的"腊八粥"传

说：明太祖朱元璋小的时候家里很穷，便给财主放牛，有一天过桥时不慎让牛跌断了腿。财主很生气，便把他关起来，不给饭吃。朱元璋饿得难受的时候忽然发现一个老鼠洞，里面有些零碎的米、豆和红枣，他就把这些东西合在一起煮了一锅粥。后来朱元璋当了皇帝，有一天又想起了这件事儿，便吩咐御厨熬了一锅各种粮豆混在一起的粥，而这一天正好是腊月初八，因此就叫腊八粥。

元明清时期，腊八粥常常作为十二月初八这一天的皇家赏赐，给予百官，《燕京岁时记》云："雍和宫喇嘛于初八日夜内熬粥供佛，特派大臣监视，以昭诚敬。其粥锅之大，可容数石米。"此举大概取福散众人、共享太平的意思。

《红楼梦》的第十九回贾宝玉给林黛玉讲了一个故事，故事的开头部分便是扬州黛山林子洞里的一群耗子精，因为要熬腊八粥，众耗子各使其能，去山下庙里偷果品。邓云乡在讲述《红楼梦》里的腊八粥时，还特意说了贾宝玉讲的这个耗子精的故事：

这个故事一开头就充满了生活、风土气息，说得极为有趣。这一方面是曹雪芹的生花妙笔，一方面也是因为生活的情趣，惹人喜爱，因为腊八吃腊八粥，这本身就是一种古老而有情趣的风俗，作者所写，正是来源于真实的生活的。

——摘自邓云乡《腊八粥》

数年前，我曾到法源寺调查腊八施粥的习俗，这给我留下了深刻的印象。

那天，我在法源寺里，一个人静静地站着、看着。

正殿的石阶上有人正在舍粥，三四列队伍几乎排满了整个院子。人头攒动，但看不到丝毫的焦躁；佛经声缭绕，擦肩而过的人随声附和。手把佛珠、背着香烛与鲜花的信众比比皆是，更虔诚者，随身携带僧家衣袍，寻一个角落匆匆换过又汇入人流。偶有碰撞，微微地合十行礼，一声"阿弥陀佛"便将所有的不满与歉意瞬间带过。是轻是重，见仁见智。

我就那样站在树下，看人来人往，听乐起乐落。不忍心端起相机，或是摊开纸笔，去打扰这个世界本来的样子。索性待着，让感性淹没理性，做个纯粹的看客。

除去喝腊八粥，我国北方地区还有在腊八这天用醋泡大蒜的习俗，即"腊八醋"和"腊八蒜"。

腊八醋和腊八蒜一般要泡到大年初一，吃饺子时食用。据民间传说，各家商号要在腊八这天算账，其中也包括外债，俗称"腊八算"。算好账后，债主就要给欠钱的人家送信儿，让其准备还钱，民谚有曰："腊八粥、腊八蒜，放账的送信儿，欠债的还钱。"腊八蒜的"蒜"字，正好和"算"字同音，于是也就成为腊八蒜的由来。

　　腊月初八，因为历史和宗教的原因，成为我国传统节庆中特点比较明显的节日之一，也充分显示了民族文化的深厚内涵与强大包容力。试问，有多少人没在这天煮上一锅腊八粥、泡上几罐子腊八蒜呢？

　　在我很小的时候，母亲总会在腊八的前一夜准备好第二天一早煮粥的食材，还会煞有其事地跟我说："明天腊八，你要早早起床，喝完腊八粥，然后出门去扒腊八狗。"虽然心中好奇，但是我好像从来没有起得如她所说的那么早过，毕竟寒冬的清晨实在让人退缩，所以到现在我也没见到过腊八狗的模样。有兴趣的母亲们，可以在这一天用这个故事叫醒自己贪睡的孩子，也许是个好办法。

大寒又一年

民间常说："过了大寒，又是一年。"这里的"年"便是农历春节。大寒是春节前的最后一个节气，所以有大寒迎年的说法。而大寒时节正逢小年（一般北方地区是腊月二十三，南方地区则是腊月二十四），民间一般有祭灶、扫尘、蒸年糕的习俗，主要是为了即将来到的"大年"即春节做准备。

祭灶是在我国流行范围极广的传统习俗。旧时，差不多家家都设有灶神位，有的只供奉灶王爷一人，有的则同时供奉灶王奶奶，表达着人们辟邪除灾、迎祥纳福的美好愿望。有人认为最早奉祀的灶神当是火神炎帝或火官祝融，《淮南子》说："故炎帝于火，而死为灶。"《礼记·礼器》疏则曰："颛顼氏有子曰黎，为祝融，祀以为灶神。"后来，灶神成为一个貌容娇美的男性形象，《庄子·达生》借齐国方士皇子告敖的口说："灶有髻。"晋司马彪注："灶神，其状如美女，着赤衣，名髻也。"

到了魏晋时代，灶神开始与道教相关，并有了灶王爷会上天向玉皇大帝告状的民间传说。《抱朴子·微旨》记曰："月晦之夜，灶神亦上天白人罪状。"月晦是指阴历每月最后一天，可见当时灶王爷一个月就回去告一次状。晋代《风土记》也有记载："灶神翌日朝天白一岁事，故先一日祷之。"因为害怕灶神上天后，说些不利于自家的话，所以吴人会用酒祭祀，称为"醉司命"，这大抵就是后来糖瓜粘的另一种形式。

宋代之后，祭灶便开始使用一种称为"胶牙饧"的糖，用意或是让灶神上天后说些甜言蜜语，或是要让灶神的牙齿被糖黏住，说不出话来。北方常见的灶糖，就是"糖瓜"。从汉代至宋代，灶神从"主饮食之事"的神转变成为家庭守护神：

古传腊月二十四，灶君朝天欲言事。
云车风马小留连，家有杯盘丰典祀。
猪头烂熟双鱼鲜，豆沙甘松粉饵圆。

男儿酌献女儿避，酹酒烧钱灶君喜。

婢子斗争君莫闻，猫犬角秽君莫嗔；

送君醉饱登天门，杓长杓短勿复云，

乞取利市归来分。

——［宋］范成大《祭灶词》

这首词将民间祭灶的情形交代得十分清楚，其中提到了"女儿避"。也就是说，至少在南宋，祭灶时已经有性别的要求了；而到了明代，对祭灶的要求更严。《帝京景物略》中记曰："男子祭，禁不令妇女见之。"民间传说，月亮属阴，灶君属阳，故"男不祭月，女不祭灶"。也有人认为，月神是女性神嫦娥，而灶神是炎帝或祝融等男性神，根据旧时"男女授受不亲"的传统观念，所以有了以上规矩。

清代宫廷和民间都十分重视祭灶，据传嘉庆帝曾在上谕中称洋教之所以为邪说，概因其"不祀祖先、不供门灶"，足见祭灶之重要性。《燕京岁时记》称"二十三日祭灶，古用黄羊，近闻内廷尚用之，民间不见用也"。这当是对阴子方故事的继承。据内务府奏案可知，坤宁宫祭灶一向供奉黄羊。后来，鲁迅与周作人也曾经写过关于黄羊祭灶的诗句。鲁迅《庚子送灶即事》："只鸡胶牙糖，典衣供瓣香。家中无长物，岂独少黄羊。"周作人日记中曾写道："夜送灶，大哥作一绝送之，余和一首：角黍杂狻糖，一尊腊酒香。返嗤求富者，岁岁供黄羊。"可见，至少在写这首诗的时候，兄弟俩还是非常要好的关系，而且他们的家也有祭灶的习俗。

我生活在城市，家中基本上没有祭灶的仪式，最开始知道灶王爷其实是通过相声段子。那时候家里还有留声机和黑胶唱片，唱片里一半是相声，我从记事起就开始听，已经不记得相声段子的名字是什么了，只记得可以通过灶王爷的行程计算出天和地之间的距离，当时觉得灶王爷可真是一个神奇的人。后来，随着自己研究的深入，自然是对灶王爷有了更深刻的了解，印象最深的是某一次田野调查时，见一农人家中在安装的煤气灶上方还专门做了灶王爷的神龛，可见那里人们对灶王爷的敬畏之心。

然而，在如今的到城市生活里，灶王爷恐怕越来越难以受到人们的"敬畏"了，忙于各种事务和应酬的人们开火做饭的机会少之又少，对外卖小哥的依赖程度恐怕远远超过对灶王爷的依赖程度，在不断变更的社会文化语境里，许多信仰也失去了原本的力量。

小年之际，除了祭灶还要扫尘。说起来，扫尘原是古代驱除病疫的一种仪式，后来演变成了年底的大扫除，寄托了人们岁末年初辟邪除灾、迎祥纳福的美好愿望。宋代《梦粱录·除夜》中记曰："十二月尽，俗云'月穷岁尽之日'，谓之'除夜'。士庶家不论大小家，俱洒扫门闾，去尘秽，净庭户。"清代顾禄《清嘉录》中曰："腊将残，择宪书（指历本）宜扫舍宇日，去庭户尘秽。或有在二十三日、二十四日及二十七日者。俗呼'打埃尘'。"由此可见，从宋代一直到清代，腊月月末这段时间是人们打扫卫生的时间。究其原因，当是"尘"与"陈"谐音，月末扫尘不仅能使居室环境焕然一新，更有辞旧迎新的含义，其用意是把一切晦气统统扫出门。除了家里要焕然一新外，每个人也都要洗浴、理发，褪去过往的晦气，开启新年的好兆头，所以民间有"有钱没钱，剃头过年"的说法。如今到了腊月末，很多人也会打扫门庭，将旧尘扫去，迎接新的一年。

　　关于小年祭灶与扫尘，民间还有一个很有意思的传说：很久以前，玉皇大帝为了掌握人间情况，就派三尸神常住人间。三尸神是个阿谀奉承、搬弄是非的家伙。一次，三尸神危言耸听，密报人间有人咒骂玉皇大帝。玉帝大怒，降旨查明人间犯乱之事，将犯乱人的姓名、罪行书于墙壁之上，并让蜘蛛结网遮掩以做记号。此外，玉帝又命王灵官于除夕之夜下界，凡遇有带记号之家，满门抄斩，一个不留。三尸神得知，乘机下凡，恶狠狠地在每户人家墙壁上做上记号，好让王灵官来将百姓斩尽杀绝。此事让灶王府君知道了，他大惊失色，为了搭救凡人，他召集各家灶王爷聚在一起商量，想出了一个办法：即在腊月二十三日"送灶"之日起，到除夕"接灶"前，每家每户必须清扫尘土，掸去蛛网，擦净门窗。王灵官于除夕之夜来人间，发现家家窗明几净，焕然一新，灯火辉煌，团聚欢乐，人间美好无比。王灵官找不到所谓"劣迹"的记号，立刻返回天上，将人间祥和安乐的情况禀告玉皇大帝。

扫尘这件事情实在比供奉灶王更容易进入现实生活，所以一旦赶上小年，我肯定会搞个大扫除，心情好了就自己来，实在懒了就请个人，再用"人家有专业设备"这样的理由来安慰一下自己，尤其是住的房子越来越高，窗明几净这件事情就不是一己之力可以达到的。

腊月二十三后，我国各个地区都进入了忙年的阶段，北方地区民间有一首忙年歌（也称过年谣），通过童谣的方式描绘了各地忙年的习俗活动：

　　小孩，小孩，你别馋，过了腊八就是年。腊八粥，过几天，漓漓拉拉二十三。二十三，糖瓜粘；二十四，扫房子；二十五，做豆腐；二十六，去割肉；二十七，宰年鸡；二十八，把面发；二十九，蒸馒头；三十晚上熬一宿，大年初一扭一扭，除夕的饺子年年有。

　　　　　　　　　　　　　　　　——童谣

　　小的时候，这一年大概最盼望的就是这几天了，好吃的、好玩的、好穿的，一下子都能占全，看着大人们忙忙活活的样子，心里满是兴奋与激动。不过，等我长大了，开始变成那个忙年的人时，发自内心觉得这套程序有些烦琐；可当它全然没有时，又觉得年不像年了。这个时间段落里的人们常常在纠结，在传统与现代的博弈之中，到底什么才是最应该坚持的，是形式，还是形式背后的含义？可是如果没有形式，含义从哪些地方表达出来呢？疑问来自生活的变化与未知，更来自想要生活得更有意义的那份坚持和期待。总之，岁末之际，扫去尘埃是必需的，沐浴也是应该的，这个时间点进行门庭和自身的清洁工作比平时更具意义，它代表的是将一年的污秽与恶运一扫而光。

守岁盼来年

清洁沐浴之后，人们就要开始装点门庭了，正所谓"二十八，贴花花"。清洁是一个起点，美丽则是更高的追求。

先说门神，最早的门神是桃木刻成的偶人，在先秦时期已经出现。汉代门神已演变为两个人形图像，他们的名字分别是神荼与郁垒。传说神荼、郁垒是两兄弟，专门负责捉拿祸害人间的恶鬼。门神人数在后代不断增加，主要有钟馗、秦叔宝、尉迟敬德几位。

门神画是绘有门神形象的图画，后来绘画题材扩大，变成年节时期装饰屋宇、增添喜气的年画。古代门神画中多画鹿、喜、宝马、瓶、鞍等象征物。年画题材广泛，喜庆吉祥是其主题，如连年有余、金玉满堂、群仙赐福、招财进宝等。

乡村里的很多人家，门上都会贴这样的门神画，但是这在城市里却很少见。这与城市建筑中门的设计有着很大的关系，两扇门变成一扇门，使得成对出现的门神再也没有合适的位置张贴，很多人对此渐渐也就淡漠了。我家门口有一个绘有门神的半帘，是我在看完动画片《小门神》后挂上的，中开缝的帆布门帘帮我解决了棘手的门神画张贴位置的问题，可是每年贴春联又成了一件头疼的事情。

　　桃板、桃符以及后来出现的春联是新年大门的重要饰物。宋代以前门口悬挂的是桃符，桃符上写有辟邪祈福字样，桃符一年更换一次。随着时代的变化，人们要表达的意愿越来越多，桃符上的字也就越写越长，逐渐形成了对仗工整的吉祥联语。于是出现了春联这一新年门饰。春联的最初起源虽然是在唐末五代，但以纸写联语普及社会的时代应该是在明清时期。清代皇宫也贴春联，但与民间用红色不同，清宫春联很多是用墨笔写在白绢上，再制作好边框，挂于宫殿朱红的柱子上。选用白色底，这一方面与满族尚白有关，另一方面也与皇宫门、窗、楹柱都是红色的特殊环境有关。宫中春联不长期悬挂，多在腊月二十六张贴，来年二月初三撤除。

暂解城区烟火禁，兆丰雪霁在年前。

街街饰彩家家掸，扫尽桃符换对联。

——［清］江南靖士《春节》

如今，人们张贴春联遇到很多的困难，尤其是居住在城市里的人。现在的单元门，两侧很多都没有留白，想要贴个春联真是难上加难，或者选一些字小句短的直接糊在门上，或者一侧转向贴在另外一面墙上，看上去都没有了对联的样子。除此之外，上下联的辨别也成了一些人的知识盲区。其实，对联一般要平仄相合，音调和谐。传统习惯是"仄起平落"，即上联末句尾字用仄声，下联末句尾字用平声。汉字今音的一、二声为平声，三、四声为仄声。如果某个对联的末尾字是三声或四声，那么这联就是上联，另一联便是下联了。此外，人朝门立，右手为上，左手为下，上联应贴在右手边，下联应贴在左手边。因为，按传统读法，直行书写是按从右向左的顺序读的。当然，这个规矩现在也有所改变，要看这副对联的横批的行文方向，横批是从左向右，那么上联在左边，横批是从右向左，那么上联才在右边。说了这么多，无非是希望这种传统的迎春方式能够得以传承，如果很多建筑开发商和设计师们能够稍微了解一下节日文化，并对其表达尊重，也许城市里的某些习俗便会有生存空间，比如贴春联。

装饰门庭的时候，并不是所有的地方都会贴上长条的春联，有些地方如屋门、墙壁、门楣上都会贴上一些大大小小的"福"字。有的人家还将"福"字倒过来贴，意思就是"福"到了！如今，也有爱好书法之人，开始尝试着自己书写诸如春联、"福"字一类的年节装饰，倒是更有意义一些。

岁末年终，最重要的还是年夜饭。年夜饭来源于古代的年终祭祀仪礼。随着社会的发展，多神祭祀逐渐演变为以祭祀祖先为主的腊日之祭。中国人的年夜饭是家人的团圆聚餐。

在我的家里，除夕肯定是要全家人在一起过的，老老少少加起来十七八口，年夜饭要一起做，无论是各式菜肴还是水饺，一般分成两桌，男性同胞们一桌，因为他们要喝酒；女性同胞们一桌，因为她们要八卦。有一年大家兴起，突然决定调转角色，女性们喝酒，并因此可以不参与包水饺的事务。然而，结果却是，女性同胞们喝得头昏脑胀，依然扛起了包水饺的重任，因为男

性同胞们连面都和不出来。

我工作以后，常常想带着父母去别处过个年，一是过年的琐事略有繁重，二是想趁着老人腿脚还好，多陪他们感受一些不一样的风光。可惜的是，每每说到此，父亲总会用不容置疑的语气告诉我：过年得接神，哪也不能去。所谓的神，自然是祖先们，他们都回来"探亲"了，我们怎么能不在？有些事情，我们自己可能并不在意，可是爸妈会言传身教地让你记得，你的亲人不止眼前这些。所以，过大年的时刻，宗亲较多的家庭可能还是守在家乡最好，毕竟一年到头，众多亲戚可以一同庆祝的时间点不多，不妨把这样的时刻留在故乡。

传统年夜饭的菜肴充满寓意。南方地区的年夜饭有两样菜不可少，一是一条头尾完整的鱼，象征年年有余；二是丸子，南方俗称圆子，象征团团圆圆。听闻苏州人将年夜饭称为"合家欢"，其中有一样菜肴叫安乐菜——用风干的茄蒂杂拌其他果蔬做成。那里的人们吃年夜饭，必先吃此品，以求吉祥。传统北京人的年夜饭中必定有荸荠，谐音"必齐"，就是说家人一定要齐整。

南方除了菜肴外，要吃糍粑或年糕，而北方一般吃饺子。饺子在中国起源很早，它能成为北方大年的标志食品，一方面因为饺子本身的美味，另一方面饺子是时间变化的象征物，在民俗观念中，新旧年度的时间交替在午夜子时，在除夕与新年交替之际，全家吃饺子以应"更岁交子"时间，表示辞旧迎新。此外，为了增添节日的生活情趣，有的地方在包饺子时，还在其中加入糖块、花生、枣，乃至钱币等物，谁吃到什么馅的饺子，谁就获得与之相关的好的预兆。吃到糖块标志着生活甜如蜜，吃到花生就表示长生不老，吃到枣子意为早得子嗣，吃到钱币则新年有好的财运。

除夕夜吃完年夜饭，就到了长辈给小辈压岁钱的时间了，以祝福晚辈平安度岁。

压岁钱是孩子们新年最盼望的礼物。压岁钱相传起源较早，但真正流行是在明清时期。压岁钱有特制钱与一般通行钱两种。特制的压岁钱是仿制品，它的材料或铜或铁，形状或方或长，钱上一般刻有"吉祥如意""福禄寿喜""长命百岁"等。

明清时期通常用流通的银钱作压岁钱。这种压岁钱，有的直接给予晚辈，有的是在晚辈睡下后，放在其床脚或枕边。给压岁钱本来是祝福的意思，但用流通的制钱给孩子压岁，这就给孩子

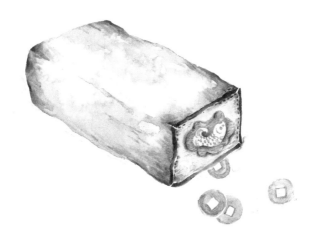

带来了自主消费的愉悦，这种情形恐怕是明清以后才有的新现象，它开启了压岁钱由信仰功能向节日经济功能转变的趋势。

民国以后，各钱铺年终会专门准备红纸零票，以备人们开压岁钱时用。当时还流行用红纸包一百文铜圆，寓"长命百岁"之意；给已成年的晚辈压岁钱，红纸包的是一枚大洋，象征"财源茂盛"。使用现代纸钞票后，家长们则喜欢选用号码相连的新钞票，预兆着后代"连连发财""连连高升"。记得幼时，叔叔就非常喜欢给我新钞，他每年都到银行去兑换些各色各样的新币，然后发给我们，接到这样一沓纸币的时候，我整个人的动作都会立马小心翼翼了许多。

由于我上学的时间相当长，家里人很少把我当成大人看待，我也就一直把自己当作收压岁钱的孩子。记得我最后一次收到压岁钱是读研的时候，新进门小我半岁的嫂子居然给我包了压岁钱，那时候突然觉得我好像应该是时候长大了。如今，每逢年根，我都会和母亲一起到处淘些漂亮的红包，为的就是给孩子们包压岁钱。其实，很多时候，钱的意义绝不仅仅是钱而已。

在辞旧迎新的除夕，人们大多以通宵不寐的形式守候新年的到来，即"守岁"。旧时，年夜饭后，全家人围坐在火炉旁边，拉家常，聊未来，谈天说地，一直聊到五更天明，迎来新岁。后来，人们的生活里又多了一项守岁的娱乐活动——观看春节联欢晚会，这是电视普及之后人们生活常态的一种替换与更新。

我曾看过几年的春晚，那个时候还觉得节目有些意思，可是人的欲望随着年龄的增长不断增多，见多了，再想找到合心意的节目就越来越难。也许不是春晚不好，而是，我看够了。这是人的一种选择，就像我自己常常讲的一句话：大海很美，可是我不喜欢；虽然我不喜欢，可是大海依然很美。矛盾吗？我并不觉得。

守岁的习俗在中国有近两千年的历史，守岁的目的是祈求长命百岁。因为是整晚不睡，人们要打起精神硬熬，所以在北方俗语中称为"熬年"。为了阻止人们除夕睡觉，有的地方还形成了一种禁忌，传说如果这晚睡觉，第二年身体就不好。我平时不怎么熬夜，但除夕之夜，我还是会强打精神坚持守岁，外面鞭炮声阵阵，家里其乐融融地等待新年倒数，这，大概就是仪式感带给人的幸福吧。

伴随除夕守岁的是不停的爆竹与焰火，在辞旧迎新的日子里，人们会燃放烟花爆竹。据传，

新年燃放爆竹起源于原始宗教信仰，人们以此驱邪祈福。民间认为，鞭炮的响声，能驱赶鬼邪。《荆楚岁时记》记载，正月一日，"鸡鸣而起，先于庭前爆竹"，以驱逐山怪恶鬼。那时使用的方法真的是爆竹，就是将竹筒置于火中烧烤，竹筒受热膨胀，最后爆出声响，直到唐宋时期仍然采用这种爆竹方式：

岁朝爆竹传自昔，吴侬政用前五日。
食残豆粥扫罢尘，截筒五尺煨以薪；
节间汗流火力透，健仆取将仍疾走；
儿童却立避其锋，当阶击地雷霆吼。
一声两声百鬼惊，三声四声鬼巢倾；
十声百声神道宁，八方上下皆和平。
却拾焦头叠床底，犹有余威可驱疠；
屏除药裹添酒杯，昼日嬉游夜浓睡。

——［宋］范成大《爆竹行》

宋代除了传统的天然爆竹外，还出现了火药爆竹。这种火药爆竹不仅有噼里啪啦声，而且有硝烟散出。爆竹散出的硝烟有消灭空气中病菌的功效，所以人们在瘟疫发生的时候，经常要燃放爆竹。

民间曾经流传着年兽的说法，说有一个名叫"年"的怪兽，经常在除夕夜出来吃人。因为年兽害怕红色、火焰和响声，所以人们在门口挂上红灯笼，在庭院点燃篝火，再燃放爆竹，噼里啪啦作响，这样就保证了家人的安全。

明清时期火药爆竹更加流行，人们除了以爆竹驱傩外，还用它来送神、迎神，以及接待拜年客。

苏州过年，锣鼓敲动，街巷相闻。送神之时，多放炮仗，炮仗有单响、双响、一本万利等名。还有一种成百上千的小爆编在一起的长鞭，响声不绝，名为"报旺鞭"。

近代以来，乡村春节时放鞭炮是年俗必有的项目，假如过年没有爆竹声，人们就会觉得心里空荡荡的。城市对于爆竹的控制慢慢加大了力度，可能是由于鞭炮常常会带来伤害，而且鞭炮带来的清洁工作十分繁重。传统如何与现代互融，恐怕还是一个需要深入研究的课题，在辞旧迎新的时刻，我很想大声说："放放鞭炮吧，那才是年节该有的声响。"可是，直冲云霄的烟气，铺天盖地的纸屑，虽不必然但却时常发生的灼伤事故，这一切都给我们以警示，相比之下，节日氛围也就成了一件"小"事。

人们在响彻云霄的鞭炮声中迎来新年，传说

中那些旧年回天汇报的诸神，这时又带着新的使命回到人间。为了迎接新神，各家摆起香案，虔诚祭祀。新年"进酒降神"是汉代就有的传统，民间一直沿袭下来。新年人们迎回诸神，诸神的降临意味着新一年的人间重回人神共处的状态。正是这种年复一年的祭祀团聚，强化了家族的内聚意识，保证了家族的绵延。我们生在这个国度，长在这个国度，在这方养育了一辈又一辈人的热土上，既是个体，又是团体，我们就是在这样的交叉中各自生活着，与人，与神，与自然。

大寒初五日，初候鸡始乳。在大自然中，小鸡的孵化由母鸡完成，每年孵化一次，一般就在大寒时开始。

大寒又五日，二候征鸟厉疾。征鸟是具有高空飞行能力的猛禽；厉疾指迅猛的样子。大寒时草木干枯，在田野中生活的小动物很容易被高空飞行的猛禽发现并捕食。所以，大寒时节经常可以看到猛禽像箭一样迅猛地扑向地面的猎物。

大寒后五日，三候水泽腹坚。大寒时，江河湖泊的水面结冰已经达到了全年最厚的程度，在太阳映照下会放出温煦的光芒。

大寒的时间段落里，先遇到腊八——一个颇

带些信仰色彩的节日。即便是没有信仰的人，也不妨到寺院里待一段时间，领上一碗粥，看看里面的人来人往，心会很静，忘掉很多纷纷扰扰。或者自己就在家里煮上一锅腊八粥，跟家人们分享一下。喝完报信儿的腊八粥之后，就开始忙活这一年最为隆重的传统节日之一——除夕了。如今，人们过年可选择的方式多了。很多人没有时间或是精力再去置办年夜饭，也就委托饭店代劳了。也有很多人好不容易年假有空，携老带幼的去往风景美丽的地方一起休闲一下。只要家人在一起，也许每一种方式都有其意义所在。不过，如果真的想要回归传统，不妨一家人去逛逛市场，置办些年夜饭的食材，一起动手在锅碗瓢盆的碰撞声中谈谈天、交交心。酒足饭饱之后，想热闹的人们再找一处庙会，各色商贩令人大开眼界，还有形形色色的游戏可以参与，套个圈、打个枪，说不定还能捎带一些小礼物回家，虽不贵重，但却带着节日的温度。

　　大寒一过，算是走完了一年四季，突然想起一段我十分喜爱的戏文：

　　　　臣愿学严子陵垂钓矶上，臣愿学钟子期砍樵山岗，臣愿学诸葛亮躬耕陇上，臣愿学吕蒙正苦读寒窗。

春来桃李齐开放，夏至荷花满池塘，

到秋来菊桂花开金钱样，冬至蜡梅带雪霜，

弹一曲高山流水琴音亮，下一局残棋消遣解愁肠，

书几幅法书精神爽，巧笔丹青悬挂草堂，

臣昨晚休下了辞王本章，今日进宫辞别皇娘，

望国太开恩将臣放，

落一个清闲自在、散淡逍遥、无忧无虑、无是无非，

做什么兵部侍郎，臣要告职还乡。

——摘自京剧《二进宫》

渔樵耕读四季花，又要开始新的一年了。

冬天虽冷，却有时间让自己沉淀。不要让越来越快的节奏影响了你的脚步，走得越快，越看不清路上的风景。

这一年你过得可好？下一年你准备怎样度过？

四季有风，云在青天水在瓶。